Angelika Schmelzer

Pferde erziehen

Angelika Schmelzer

Pferde erziehen

Die Reitschule

Müller
Rüschlikon

Einbandgestaltung: Sven Rauert

Titelbild: Angelika Schmelzer

Alle Fotos stammen von Angelika Schmelzer.

Alle Angaben in diesem Buch wurden nach bestem Wissen und Gewissen gemacht. Sie entbinden den Pferdehalter nicht von der Eigenverantwortung für sein Tier. Für einen eventuellen Missbrauch der Informationen in diesem Buch können weder die Autorin noch der Verlag oder die Vertreiber des Buches zur Verantwortung gezogen werden. Eine Haftung für Personen-, Sach- und Vermögensschäden ist ausgeschlossen.

ISBN 978-3-275-01709-6

Copyright © 2009 by Müller Rüschlikon Verlag
Postfach 103743, 70032 Stuttgart
Ein Unternehmen der Paul Pietsch Verlage Gmbh+Co
Lizenznehmer der Bucheli Verlags AG, Baarerstr. 43, CH-6304 Zug

1. Auflage 2009

Sie finden uns im Internet unter www.mueller-rueschlikon-verlag.de

Lektorat: Claudia König
Innengestaltung: Kerstin Diacont
Druck und Bindung: KoKo Produktionsservice, 70900 Ostrava
Printed in Czech Republic

Einleitung

1

Das gut erzogene Pferd, ein Ausnahmefall?

1. Einleitung

Traurig, aber wahr: Viele Pferde sind hervorragend ausgebildet, aber schlecht erzogen, andere schlecht ausgebildet und schlecht erzogen und nur manche geben sowohl unterm Sattel als auch im täglichen Umgang den angenehmen Begleiter ab, den der Reiter sich eigentlich wünscht. Das gut erzogene Pferd, ein Ausnahmefall? So krass muss man es vielleicht nicht formulieren, Tatsache aber ist, dass so manches erzieherische Defizit den Weg zur Harmonie erschwert. Dies liegt unter anderem auch daran, dass der Reiter auf seinem üblichen Ausbildungsweg die ersten Jahre viel über das Reiten und nur wenig über den Umgang mit dem Pferd erfährt. Mit der Anschaffung des ersten eigenen Pferdes wird dieses Versäumnis dann spürbar und es vergeht oft viel Zeit, bis Pferd und Mensch stressfrei zueinander finden.

Schmusekurs oder Pudeldressur, in diesem Spannungsfeld bewegen sich die erzieherischen Anstrengungen der mit Pferden befassten Menschen häufig. Fehleinschätzungen des Verhaltens oder der Lernfähigkeit unserer Pferde führen zu

Eine gute Ausbildung unter dem Sattel alleine reicht nicht.

Pferdeerziehung ist individuell, es gibt nicht die eine richtige Methode.

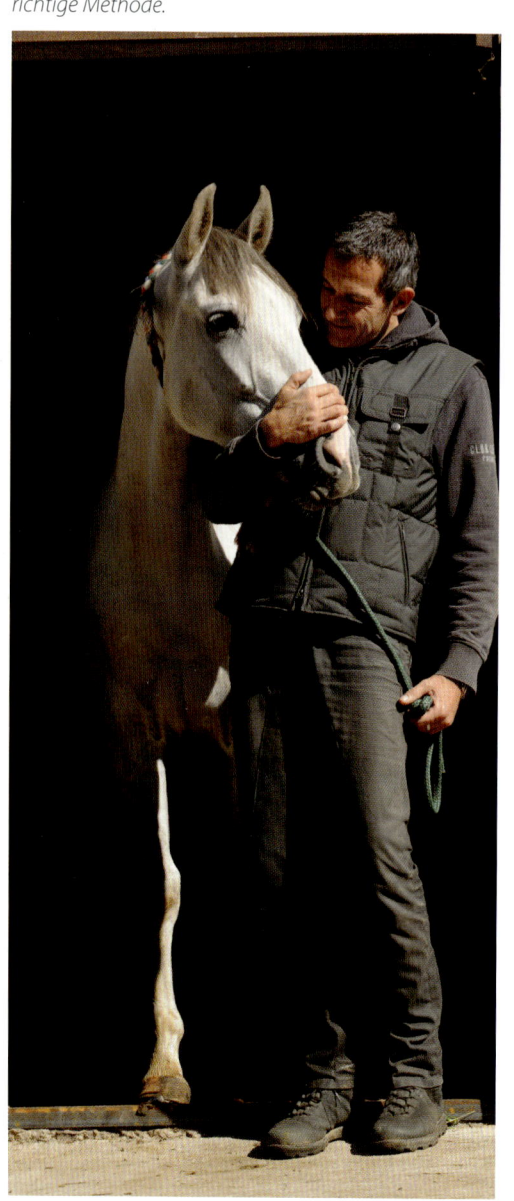

Missverständnissen, die das gemeinsame Tun von Pferd und Mensch belasten. Angelernte, aber im Grunde nicht verstandene und nicht verinnerlichte Techniken schaffen oft mehr Probleme, als sie lösen. Hinzu kommt: Im Dickicht der »Guru-Methoden« fällt es dem Pferdefreund manchmal schwer, die Übersicht zu behalten und seinen individuellen Weg zu finden.

Ursachenforschung

Fakt ist: Im Alltag haben wir es oft mit unerzogenen, verzogenen oder falsch erzogenen Pferden zu tun, echten vierbeinigen Nervensägen, da die dazugehörigen zweibeinigen Chefs nicht selten ganz grundlegende Fehler machen.

Günstige Bedingungen fürs Lernen zu schaffen, das ist eine Ihrer Hauptaufgaben als Besitzer

Grundlegende Fehler

- *Eine systematische Erziehung unterbleibt völlig.*
- *Den erzieherischen Bemühungen fehlt der rote Faden, die Konsequenz, das Basiswissen, die Erfahrung, die nötige Souveränität.*
- *Der typische Fehler aller Pferdebesitzer mit ausgeprägter Profilneurose: Das Pferd wird »erzogen«, bis es ihm zu den Ohren heraus kommt.*
- *Die Lebensumstände des Pferdes sind so geartet, dass Erziehungserfolge dauerhaft ausbleiben.*

Vielen Reitern ist der Stellenwert der Lebensumstände ihrer Pferde nicht bewusst.

oder Betreuer eines Pferdes. Mit der richtigen Einstellung, ein wenig Basiswissen und einigen praktischen Erfahrungen können Sie die wichtigsten Fehler vermeiden und Ihr Pferd aktiv zu einem tollen Freizeitpartner erziehen, ohne ihm auch nur ansatzweise die Würde zu rauben, den Impuls zu nehmen, die Lebensfreude zu trüben. Es gilt: Erziehung ja, Pudeldressur nein. Klare Rangordnung ja, bedingungslose Unterwerfung nein.

Sie wundern sich vielleicht ein bisschen, dass es erst ab Kapitel 7 so richtig loszugehen scheint. Vorher nur graue Theorie? Bestimmt nicht, es zeigt sich nämlich, dass die Praxis nur gelingen kann, wenn die theoretische Grundlage stimmt: Es geht immer auch um unsere individuelle Vorstellung von der Beziehung zwischen Mensch und Pferd, um das arttypische Lernverhalten unserer Pferde und warum dieses so oft mit unseren menschlichen Erwartungen kollidiert; und es geht um die Frage, wie und wieso man seinem Pferd Freund und Chef zugleich sein kann – eine Form der Beziehung, die man in zweibeinigen Hierarchien wohl eher selten antrifft. Haben Sie also bitte etwas Geduld und glauben Sie mir – grau ist diese Theorie nicht!

Der Mensch als Chef und Freund zugleich, das entspricht den Bedürfnissen aller Pferde.

Erziehen heißt ausbilden – und umgekehrt

2

2. Erziehen heißt ausbilden – und umgekehrt

Ausbilden, dressieren, erziehen, trainieren – im Zusammenhang mit der täglichen Arbeit unserer Pferde fallen diese vier Begriffe immer wieder und es scheint nicht möglich und auch nicht sinnvoll, sie inhaltlich klar voneinander abzugrenzen.

Dauerthema Ausbildung

Unter »Ausbildung« fassen wir all das zusammen, was ein Pferd unter dem gezielten Einfluss des Menschen lernt – man sagt ja auch, dass ein Pferd zum Reitpferd oder Fahrpferd ausgebildet wird. Unter diesen Oberbegriff lassen sich dann die untergeordneten Teilbereiche der Dressur, der Erziehung und des Trainings einordnen, allerdings auch nicht trennscharf. Bei »Dressur« denken wir zum einen an den Dressursport, zum anderen an das Abrichten eines Tieres, indem man ihm etwa beibringt, auf Kommando bestimmte Kunststücke zu zeigen. Schließlich gibt es da noch die »Freiheitsdressur«, die manchmal eine Sonderform der Zirzensik, manchmal auch das freie Arbeiten des Pferdes in einem Longierzirkel meint. Als »Training« versteht man eher die Förderung der Ausdauer im weiteren Sinne, die Vertiefung bereits erlernter Lektionen, die sie zur Routine werden lassen. Damit ist vor allem der körperliche Aspekt der Ausbildung gemeint, also eine Zunahme an Kraft, Schnelligkeit, Beweglichkeit und dergleichen. Unter »Erziehung« schließlich versteht man allgemein die gezielte Förderung der Persönlichkeitsentwicklung, die Herbeiführung von Verhaltensänderungen hin zu einem definierten Erziehungsziel. Werden Pferde erzogen, wird ihnen ein bestimmtes, erwünschtes Verhalten antrainiert. Dieses Verhalten soll unseren Pferden in Fleisch und Blut übergehen. Ein gut erzogenes Pferd

Manchmal kommt alles zusammen: Ausbildung zum Jagdpferd, Konditionstraining, Gewöhnung an die Meute als Teil der Erziehung.

Alle Pferde sind soziale Lebewesen mit großem Bewegungsbedürfnis.

zeigt erwünschte und unterlässt unerwünschte Verhaltensweisen und dies im Idealfall bei eher zurückhaltender Einwirkung des Zweibeiners, ohne andauernde Korrektur und beständige Einflussnahme.

Es ist trotz der vereinfachten Darstellung ganz klar, dass jede trennscharfe Definition dieser vier Grundbegriffe in sinnlose Erbsenzählerei ausarten würde: Der Reiter und Betreuer eines Pferdes wird in jeder Phase des Umgangs, der Arbeit immer sowohl ausbilden als auch erziehen, sowohl trainieren als auch dressieren. Mal liegt der Schwerpunkt hier, mal da, mal tritt dieser, mal jener Aspekt in den Vordergrund.

Das richtige Umfeld

Werfen wir einen Blick auf die Lebensumstände Ihres Pferdes und deren Einfluss auf Erfolg oder Misserfolg Ihrer Ausbildung im Allgemeinen,

Ihrer Erziehungsmaßnahmen im Besonderen. Ihr Pferd, jedes Pferd, bringt bestimmte, arttypische Bedürfnisse mit, die im Rahmen seiner Haltung, Fütterung und Pflege befriedigt werden müssen. Geschieht dies nicht, steht das Pferd infolge dieser unerfüllten Bedürfnisse (kommt von »Bedarf« und hat mit »Wunsch« nichts zu tun!) unter Stress. Dieser Stress behindert seine Motivation, seine Aufnahmebereitschaft, sein Lernvermögen und macht es ihm oft unmöglich, Ihren Anweisungen Folge zu leisten, Ihre Befehle zu verstehen, Ihre Hinweise zu respektieren.

Sorgen Sie dafür, dass die Lebenswelt Ihres Pferdes weitestgehend seinen arttypischen Bedürfnissen entspricht. Damit tun Sie nicht nur Ihrem Pferd einen Gefallen, sondern auch sich selbst, und Sie schaffen darüber hinaus eine wichtige Voraussetzung für das Gelingen Ihrer gemeinsamen Anstrengungen. Welches diese

Bedürfnisse sind, lernen Sie etwa im Rahmen des Lehrgangs »Basispass Pferdekunde« oder aus Büchern zum Thema Verhalten und artgerechte Haltung.

 Grundbedürfnisse

Zusammengefasst kann man sagen, dass Pferde
- *Herdentiere sind und deshalb ständig unmittelbaren Kontakt und Austausch mit Artgenossen brauchen,*
- *Lauftiere sind und deshalb ein hohes Bewegungsbedürfnis haben,*
- *Fluchttiere sind und deshalb zu raschen Reaktionen neigen, darüber hinaus ihre Umgebung im Auge behalten müssen, um sich wohl zu fühlen*
- *Frischluft und Sonnenlicht zu ihrer Gesunderhaltung unbedingt benötigen.*

Diese allen Pferden eigenen Bedürfnisse können nur im Rahmen einer artgerechten Haltung zumindest annähernd befriedigt werden.

Ganz wichtig ist aber auch die selbstkritische Haltung des Zweibeiners: Wenn etwas nicht klappt, gehen Sie bitte immer davon aus, dass der Fehler bei Ihnen liegt. Ganz einfach und mit 100%iger Wahrscheinlichkeit (wenn nicht noch mehr) richtig. Klappt es nicht, haben Sie einen Fehler gemacht, Sie sind verantwortlich. Zur erfolgreichen Erziehung gehört also auch die passende Einstellung: Sie sind sich bewusst, wel-

chen hohen Stellenwert Erziehung für Ihr Zusammensein mit dem Pferd wie auch für dessen Lebensqualität hat, sind gut informiert und haben eine genaue Vorstellung von Ihren Zielen, betreiben Erziehung nicht zur eigenen Profilierung und bemühen sich darum, die Lebensumstände Ihres Pferdes so zu gestalten, dass die Voraussetzungen für einen Erfolg gewährleistet sind.

Der Besitzer muss vor dem Beginn der Erziehung eine klare Vorstellung davon entwickeln, wie sich sein Pferd im Idealfall verhalten sollte. Die Arbeit an diesen Erziehungszielen zieht sich durch jedes Zusammensein von Pferd und Mensch und ist nicht etwa auf zeitlich begrenzte Lerneinheiten beschränkt. Alle mit dem zu erziehenden Pferd befassten Menschen ziehen an einem Strang, was die Ziele und die eingesetzten Methoden angeht. Und: Der Erziehung liegt ein roter Faden zugrunde, entweder in Form eines bewährten Ausbildungssystems, regelmäßiger Anleitung durch einen sachkundigen Trainer oder basierend auf umfassenden Erfahrungen und Wissen des Pferdehalters.

Sprechen Sie pferdisch?

Jede Ausbildung nutzt die Körpersprache von Mensch und Pferd, mal spielt diese eine ganz entscheidende, mal eine eher untergeordnete Rolle. Basierend auf dem Wissen, dass Pferde überwiegend und Menschen zumindest teilweise auf diesem Weg miteinander »sprechen« wird die Körpersprache als gemeinsame Kommunikationsplattform eingesetzt. Wir nutzen also nicht alleine Hilfsmittel wie etwa Gerte und Halfter sowie standardisierte Signale, sondern auch die Körpersprache.

oben: Ohne Stress durch Bewegungsmangel fällt dem Pferd die Konzentration auf seine Aufgaben leichter.
unten: Blöde Zicke – Selber blöd! Die Körpersprache dieser Pferde ist nicht misszuverstehen.

Mit der Körpersprache als Kommunikationsplattform gelingen viele Erziehungsziele. Hier: Absenken des Kopfes auf Signal.

Diese Körpersprache – Körperhaltung, Körperspannung, Gestik – läuft bei uns Menschen oft unbewusst ab. Das bedeutet auch: Es ist uns kaum möglich, uns körpersprachlich nicht zu äußern. Ständig geben wir Auskunft darüber, wie es uns geht, wie wir uns fühlen, was wir wollen, wessen wir uns sicher sind oder wo wir zweifeln. Und unsere Pferde sind Meister im Verstehen dieser »Sprache«. Darin liegen Möglichkeiten, aber auch potentielle Probleme.

Gerade weil Pferde sich so gut darauf verstehen, kleinste Signale zu sehen, zu erfassen und zu interpretieren, können wir sie mit kaum sichtbaren oder hörbaren Hinweisen lenken. Toll! Ebenso aber kommen sie uns blitzschnell auf die Schliche, wenn unsere Äußerungen widersprüchlich sind, wenn bewusst gegebene Signale und unbewusste »Äußerungen« unvereinbar sind. Dann reagieren unsere Pferde nicht oder nicht so, wie wir es uns wünschen. Nicht so toll. Und schließlich interpretieren sie auch sämtliche Signale, deren wir uns überhaupt nicht bewusst sind, und reagieren darauf. Dies führt oft zu Missverständnissen: Sie »sagen« unbewusst etwas, Ihr Pferd zeigt eine Reaktion – und wird getadelt oder korrigiert, weil Ihnen nicht bewusst ist, dass Sie etwas »gesagt« haben und Ihr braves Pferd nur eine »Anweisung« befolgt hat.

3 Kleiner Exkurs

3. Kleiner Exkurs

Ein roter Faden, also eine Art Gebrauchsanleitung, soll her. Aber wie finde ich die Richtige? Bei der Suche ist Vorsicht geboten. Sie haben vielleicht von einem Ausbilder gehört, haben etwas über eine Erziehungs-/Ausbildungs-/Trainingsmethode gelesen: Ganz ohne Stress, völlig gewaltfrei soll es zugehen und wirklich jedes Pferd soll dank dieser Methode zum artigen Freizeitpartner erzogen werden können. Spezielle Techniken und Ausrüstungsgegenstände garantieren regelrecht den Erfolg und auf der letzten Pferdemesse konnten Sie sich selbst davon überzeugen, wie hervorragend Pferde sich dank dieser neuen, revolutionären Methode erziehen lassen. Wäre das nicht der passende »rote Faden« für Sie und Ihr Pferd? Seien Sie misstrauisch, und übernehmen Sie nichts unreflektiert.

Pro und Contra

Gekocht wird nachweislich überall mit Wasser und auch das Rad ist bereits seit längerem erfunden ... Ein gewisses Misstrauen ist angebracht, denn:

■ Keine Lehrmethode, kein strukturierter Lehrplan eignet sich wirklich für alle und jeden.

■ Keine Lehrmethode hätte auch nur bei einem einzigen Pferd Erfolg, wenn sie nicht die angeborenen Verhaltensmuster, das arttypische Lernverhalten eines Pferdes zumindest ansatzweise berücksichtigen würde. Und bei der Berufung auf wertvolle Traditionen sei immer die Frage erlaubt, ob und in welchem Ausmaß diese Traditionen auf heutige oder hiesige Verhältnisse übertragbar sind.

■ So manche Lehrmethode, die als völlig gewaltfrei daherkommt, basiert darauf, Pferde massiv unter psychischen Druck zu setzen und sie so stark zu überfordern, dass eine völlige Unterwerfung unter den Willen des Menschen ohne jede sichtbare Gewaltanwendung möglich ist. Im Zweifelsfall fragen Sie einfach die betroffenen Pferde, ob Gewalt angewendet wird oder nicht – manchmal ist der Blickwinkel entscheidend ...

■ Ein Argument, das zieht, ist das von der besonderen Effektivität und Nachhaltigkeit. Darin liegt der eigentliche Wert mancher Ausbildungsmethode: Dass sie eben Methode haben!

Sollten Sie also Interesse an einer der etablierten Ausbildungsmethoden, Sie die Vorgehensweise eines Trainers überzeugt haben, spricht nichts

---

 Werbeversprechen

Für bestimmte Trainer und deren Methoden wird oft mit folgenden Argumenten geworben:

■ *Diese Lehrmethode sei für alle Rassen, reitsportlichen Disziplinen, zweibeinige und vierbeinige Individuen geeignet.*

■ *Die Lehrmethode basiere als einzige oder im Unterschied zu vergleichbaren Methoden auf verhaltenswissenschaftlichen bzw. lerntheoretischen Erkenntnissen oder besonders bewahrenswerten Traditionen.*

■ *Die Lehrmethode sei, wiederum als Einzige oder im Unterschied zu vergleichbaren Methoden völlig gewaltfrei.*

■ *Die Lehrmethode sei effektiver und nachhaltiger als andere.*

oben: Licht und Schatten: Keine Ausbildungsmethode (Hier: Reiten mit Innerer Achtsamkeit) eignet sich für alle und jeden.
unten: Ein Vorteil an etablierten Ausbildungsmethoden ist eben, dass sie Methode haben.

scheidende Rolle. Es sieht ein bisschen aus wie Magie. Der Ausbilder nutzt angelegte Verhaltensmuster des Pferdes, um es allein unter Einsatz körpersprachlicher Mittel in Tempo und Richtung zu kontrollieren. Das Pferd wird solange getrieben, gewendet und wieder getrieben, bis es seine Unterlegenheit durch typische Verhaltensweisen zum Ausdruck bringt, den höheren Rang des Menschen anerkennt. Es schließt sich daraufhin dem Ausbilder an und folgt ihm wie an einem unsichtbaren Band. Dies wird »Join-up« genannt.

Manchmal nutzt der Ausbilder die vorangegangene Unterordnung des Pferdes, um es im Schnellverfahren weiteren »Ausbildungsschritten« zu unterziehen. So werden rohe Pferde gesattelt und aufgetrenst, schließlich sitzt sogar ein Reiter auf. Dies hat eher den Charakter einer spektakulären Show als eines effektiven Trainings.

In der Palette anerkannter Ausbildungsmethoden hat das Dominanztraining seinen festen Platz. Einem Pferd, das sich in Rang-Rangeleien mit Ihnen verzettelt, das Ihre Rolle als Anführer beständig in Frage stellt, sich provozierend oder aggressiv verhält, können Sie nichts beibringen. Als allgemeingültige Grundlage der Ausbildung ist das Dominanztraining im Round Pen allerdings ungeeignet, da die Mehrzahl aller Pferde den Rang des Menschen nicht oder nicht in dieser Form in Frage stellt. Wird es als Basis für das Einreiten im Schnellverfahren genutzt, stellt dies einen doppelten Missbrauch des Pferdes dar. Fragen Sie sich also, ob Dominanz alleine die Basis der Beziehung zu Ihrem Pferd bilden soll und kann. Fragen Sie sich, wie es um das Vertrauen eines Pferdes in den Menschen bestellt sein muss, wenn es innerhalb von 30 Minu-

Das freie Folgen des Pferdes ist zwar Bestandteil mancher »Guru-Methode«, aber eigentlich eine völlig alltägliche Reaktion.

dagegen, Ihr Pferd gemäß den Richtlinien der Methode oder des Trainers zu erziehen und auszubilden – vorausgesetzt, Sie sind sich der oben erwähnten Einschränkungen bewusst.

Heißes Eisen Dominanztraining

Werfen wir einen kurzen, kritischen Blick auf Erziehungsmethoden, die ihre Grundlage in Bodenarbeit haben. Hier spielt das Dominanztraining im Longierzirkel – der dann gerne »Round Pen« genannt wird – eine große, oft entten Ausbildungsschritten unterworfen wird, die eigentlich Wochen erfordern.

 Dominanztraining

In der Praxis wird das Dominanztraining häufig falsch angewendet,
- *indem der Ausbilder es zur eigenen Profilierung nutzt,*
- *indem brave, den überlegenen Rang des Menschen nie in Frage stellende Pferde ohne Sinn beständig weiter »unterworfen« werden,*
- *weil unsichere Menschen meinen, auf diese Weise die Oberhand gewinnen zu können, oder*
- *weil sich der Mensch aus Angst oder Unsicherheit vor dem Reiten drückt.*

Bodenarbeit light

Die Arbeit im Round Pen muss sich nicht auf reines Dominanztraining beschränken. Freies Arbeiten im Longierzirkel ist ein probates Mittel, um zwischen dem jungen Pferd und seinem Menschen Einverständnis herzustellen, um erste Wege der Kommunikation zu etablieren, das Jungpferd mit Ausrüstungsgegenständen vertraut zu machen. Deshalb wird diese Arbeit von vielen etablierten Ausbildern seit langem im Rahmen der Grundausbildung genutzt. Dabei geht es nur am Rande und nur bei sehr dominant oder gar aggressiv auftretenden Pferden auch darum, die Rangordnung zugunsten des Menschen zu klären. Auch die Tatsache, dass ein Pferd

Ganz ohne Dominanztraining hat sich Hengst Ebro entschlossen, seinem vertrauten Menschen frei zu folgen.

sich zum Ende der Trainingseinheit dem Menschen anschließt und ihm frei folgt, stellt kein besonderes Ereignis dar. Mir persönlich ist noch kein Pferd begegnet, das mir nicht schon nach dem ersten Longieren oder freien Arbeiten nicht gefolgt wäre – und das liegt nicht an meiner überwältigenden Persönlichkeit.

Freie Arbeit

Nutzen Sie also das freie Arbeiten vor allem
- **als Dominanztraining nur bei Pferden, die wirklich erst einmal kapieren müssen, wo der Hammer hängt oder**
- **im Rahmen der Grundausbildung junger Pferde und nur**
- **ausnahmsweise auch beim älteren, gerittenen Pferd, etwa zur Abwechslung.**

Das Training im Round Pen ist also lediglich geeignet, beim rohen Pferd eine gewisse Grundlage für das gemeinsame Arbeiten zu legen und bei ranghohen, aggressiven oder in der Rangfolge nach oben drängenden Pferd die Rangordnung zu klären.

Clickern statt kuscheln?

Vereinfacht ausgedrückt geht es beim Clickertraining darum, im Rahmen der Ausbildung und Erziehung den durch einen Clicker erzeugten Ton zu nutzen, um das Pferd in eine positive Grundstimmung zu versetzen. Das Pferd lernt, den Click als positive Rückmeldung anzusehen. »Click« wird also zu einer Art Ersatz-Lob, das Ausbleiben eines »Clicks« entspricht dem Vor-

Freie Bodenarbeit im Round Pen legt eine gute Erziehungsgrundlage, etwa hier bei der Ausbildung eines Junghengstes.

enthalten eines Lobes. Man kann darüber streiten, ob es nötig oder sinnvoll ist, den Umweg über einen Clicker zu wählen, anstatt sein Pferd auf direktem Weg zu loben. Es ist eigentlich leicht, in jeder denkbaren Trainingssituation sein Pferd in eine positive Stimmung zu versetzen, es zu ermutigen und zu bestärken – sei es durch ein mündliches Lob, ein Kraulen oder Streicheln, das Entlassen in die Dehnungshaltung, eine Ruhepause, den Übergang aus einer anstrengenden Lektion in entspanntes Leichttraben – da braucht es kein Hilfsmittel. Zudem muss ich natürlich immer eine Hand für den Clicker frei haben oder ihn erst umständlich aus der Hosentasche fummeln, wenn ein Lob ansteht. Da zeitnahes Loben für unseren Lernerfolg ganz wichtig ist, erscheint der Umweg über den Clicker zumindest nicht universell geeignet. Entsprechende Fachbücher aber bieten oft eine gut strukturierte Anleitung, einen Erziehungsleitfaden. Und wenn Sie mit Ihrem Pferd dann trotzdem lieber kuscheln statt es zu »beclickern«, wird es sich wohl kaum beschweren ...

Unser kurzer Blick auf einige gängige Ausbildungsmethoden hat gezeigt, dass vieles kritisch hinterfragt werden sollte. Sehen Sie diese Methoden oder Trainer als Produkte an, die in erster Linie verkauft werden sollen – nichts ist so gut, wie die Werbung uns dies glauben machen will. Fragen Sie immer nach dem unmittelbaren Nutzen und nach der Anwendbarkeit für sich und Ihr Pferd.

Versierte Ausbilder finden immer einen Weg, Lektionen wie etwa das erste Auftrensen zu »versüßen« – ganz ohne Clicker.

4 Gelernt ist gelernt

4. Gelernt ist gelernt

Wie Menschen auch verfügen unsere Pferde über angeborene Eigenschaften, die sich nachträglich oft nicht oder nur unvollständig, manchmal aber auch recht gut beeinflussen lassen – und zwar im negativen wie im positiven Sinne! Im Einzelfall kann es schwierig sein, bei einer gezeigten Verhaltensweise – ob erwünscht oder nicht – genau zu trennen, ob und inwieweit diese auf ererbten Anlagen beruht. So oder so muss der Mensch mit dem klarkommen, was sein Pferd mitbringt: An genetisch fixierten Anlagen, an bisher erworbenen Erfahrungen, an angelernten Verhaltensweisen.

»Unerzogenheit« oder »Unerziehbarkeit« als ererbte Veranlagung gibt es nicht, wohl aber Charakterzüge, die eine Erziehung erleichtern oder eben erschweren. Allerdings kommt es immer auch auf die menschliche Komponente des Teams an, weshalb hier eine Liste ungünstiger Eigenschaften fehlen muss: Ein sensibles Pferd in der Hand eines unerfahrenen und unsicheren Menschen kann sich zur nervösen Nervensäge entwickeln, bei einem souverän agierenden und mit einem reichen Schatz an Erfahrung ausgestatteten Zweibeiner aber zu einem fein zu leitenden Verlasspferd heranreifen.

Auch nicht ganz unwichtig: Das Geschlecht des Pferdes. Hengste sind entgegen der landläufigen Meinung fast immer besonders gut anzuleiten und auszubilden. Sie entwickeln ein besonders inniges Verhältnis zu ihrer Bezugsperson und werden stets bemüht sein, dieser zu gefallen – vorausgesetzt, sie werden von einem sehr erfahrenen, sicheren Pferdemenschen mit freundlicher Konsequenz und Achtung behandelt! Dass ihnen ab und an die Hormone dazwischenfun-

Noch keinen Tag alt und doch schon eine Persönlichkeit: Isländer-Hengstfohlen.

ken, spielt bei einem erfahrenen Zweibeiner kaum eine Rolle. Stuten diskutieren gerne und Wallache sind eher gutmütig-kooperativ. Im Englischen gibt es ein nettes Sprichwort: »You

Wohl erzogene Pferde – hier ein Hengst beim Joggen mit seinem Menschen – werden nicht geboren, sondern gemacht. Schlecht erzogene ebenso!

tell a gelding, ask a mare and consult a stallion!« Also in etwa: Du befiehlst dem Wallach, bittest Deine Stute und konsultierst Deinen Hengst. Dem habe ich nichts hinzuzufügen ...

Analysieren und berücksichtigen Sie also das individuelle Nervenkostüm und angeborene Charaktereigenschaften Ihres Pferdes, und machen Sie sich bewusst, dass Sie mit Ihren eigenen Merkmalen auch ein wichtiger Faktor sind.

Was heißt: Erzogen?

Was ein unerzogenes Pferd ist, wissen wir alle. Unerzogene Pferde definieren wir interessanterweise oft weniger nach bestimmten Eigenschaften (ein Pferd, das sich so und so verhält, ist unerzogen), sondern bezogen auf ihre Wirkung im Zusammenspiel mit dem Menschen (ein Pferd, das im Umgang nervt, Gefahren heraufbeschwört, Probleme macht, für Stress sorgt, ist unerzogen). Schwerer ist es, eine allgemeingültige Definition für ein wohl erzogenes Pferd zu formulieren. Im weitesten Sinne könnte man sagen: Wohl erzogene Pferde unterlassen unerwünschtes Verhalten und zeigen auf Befehl erwünschtes Verhalten. Welches Verhalten dies im Einzelfall ist, kann von Pferd zu Pferd, von Mensch zu Mensch unterschiedlich sein.

Ein wohl erzogenes Pferd hat zweierlei gelernt: Zum einen weiß es, dass Menschen, insbesondere aber seine Bezugspersonen, automatisch die Privilegien eines ranghöheren Herdenmitglieds genießen. Jedes Pferd kann lernen, ohne dauernde Diskussionen den Menschen als Chef zu akzeptieren und dann von selbst viele Merkmale eines gut erzogenen Pferdes aufweisen: Es wird leicht zu führen sein, den Menschen nicht

bedrängen, sich grundsätzlich und im Rahmen seiner Möglichkeiten kooperativ verhalten, nicht betteln. Allerdings gibt es diesen Service nicht automatisch – Sie müssen Ihrem Pferd erst beibringen, dass Sie der Chef sind und dann dafür sorgen, dass es so bleibt.

Zum anderen bekam ein wohl erzogenes Pferd irgendwann beigebracht, bestimmte Verhaltensweisen auf Signale hin zu zeigen. Dazu gehört etwa das Aufheben der Hufe, Stillstehen beim Aufsitzen, gefälliges Absenken des Kopfes beim Aufhalftern, höfliches Beiseitetreten am Putzplatz. An dieser Stelle ist viel Raum für individuelle Vorlieben, Wünsche und Bedürfnisse. Während das Verhalten des rangniedrigen Pferdes gegenüber dem ranghöheren Menschen quasi als Komplettpaket geliefert wird, weil es eben so und nicht anders im Verhaltensinventar genetisch und durch frühes Lernen im Herdenverband verankert ist, können Sie hier Ihren ganz persönlichen Weg gehen. Im Endeffekt bestehen dann alle Verhaltensweisen mit Bezug auf die Erziehung aus einer Mischung aus angeborenem und anerzogenem Verhalten.

Was ist Lernen?

»Lernen« – da denken wir Zweibeiner an Schule, an Matheaufgaben, Grammatikübungen, Physikexperimente. Erst bei längerem Nachdenken wird uns klar, dass sich Lernen wie ein roter Faden durchs ganze Leben zieht. Lernen findet vom ersten bis zum letzten Atemzug statt und beinhaltet längst nicht nur Schulstoff. So lernen wir zu sprechen, zu laufen, mit »Artgenossen« zu kommunizieren; wir lernen auch zu widersprechen, fortzulaufen oder standzuhalten, zu diskutieren, zu streiten und uns zu versöhnen.

Perfekte Harmonie ohne dauernde Korrektur ist nur möglich, wenn die Rangfolge zu Ihren Gunsten geklärt ist.

Wie wir Menschen lernen auch unsere Pferde Sozialverhalten und Kommunikation.

Auch unsere Pferde lernen ihr Leben lang, wobei bei ihnen, wie bei uns, ein Schwerpunkt in Kindheit und Jugend liegt. In dieser Zeit lernen sie besonders viel und besonders leicht, später wird es zunehmend schwierig, Neues zu lernen und Altes zu verlernen.

Durch das Lernen erwerben wir absichtlich oder beiläufig geistige, körperliche und soziale Kenntnisse und Fertigkeiten. Statt »erwerben« sollte man vielleicht eher »verändern« sagen, denn Lernen baut natürlich auf bereits Vorhandenem auf, erweitert und/oder modifiziert, was wir bereits können oder wissen. Lernfähige

Lebewesen besitzen die Fähigkeit, sich immer wieder neu veränderten Umweltbedingungen anzupassen. Erlerntes wird nicht nur ständig verändert, es kann natürlich auch vergessen werden – etwa dann, wenn es nicht regelmäßig angewendet wird. Neue Erfahrungen können alte überlagern oder auslöschen. Lernen ist eben ein überaus dynamischer Prozess.

Den Ausbilder nimmt dies in die Pflicht: Er weiß, dass sein Pferd beständig lernt und ist sich bewusst, dass er bei jedem Zusammensein mit seinem Vierbeiner auch als Lehrer tätig ist. Hierin liegt mit ein Grund dafür, dass so viele spektaku-

Auch weit ausgebildete Pferde lernen bei jedem Zusammensein mit dem Trainer – ebenso wie der Trainer selbst.

lär wirkende Ausbildungsmethoden in Wahrheit doch Blender sind. Habe ich mir mein aufmüpfiges Pferd im Round Pen mittels Dominanztraining kurzfristig »unterworfen« und lebe ich dann meine Überlegenheit nicht bewusst im Alltag, war alles umsonst. Mehr noch: Mein Pferd wird zutiefst verunsichert, da es irgendwann überhaupt nicht mehr weiß, was eigentlich Sache ist, wo es seinen Platz im Ranggefüge hat. Und je nach Naturell wird das Pferd nun aufbegehren, aggressiv werden, verunsichert sein oder resignieren. Was man ihm nicht einmal verdenken kann.

Wie lernen Pferde?

Der erste wichtige Lernprozess beim Pferd ist die *Prägung*. Unmittelbar nach der Geburt lernt das Fohlen, dass es ein Pferd ist. Dieser Prozess ist auf wenige Stunden begrenzt und dann unumkehrbar. Das bedeutet: Fällt er aus, weil etwa das neugeborene Fohlen aufgrund einer Krankheit von der Mutter getrennt wird oder wird er gestört, so weiß das Pferd später nicht, dass andere Pferde seine Artgenossen sind, dass es selbst ein Pferd ist. Da dieser Lernprozess irreversibel und auf ein spezifisches Zeitfenster (die Artprägung ist etwa zwei Tage nach der Geburt abgeschlossen) festgelegt ist, nimmt er eine Sonderstellung ein.

Unmittelbar nach der Geburt hat die kleine Maus gelernt: Das ist meine Mama und wir gehören derselben Art an.

Für uns Menschen bedeutet dies: Finger weg vom neugeborenen Fohlen! Hier stören wir mit ersten Annäherungs- oder gar Erziehungsversuchen einen natürlichen Vorgang, der für das ganze spätere Leben des Pferdes von größter Bedeutung ist. In diesem Zusammenhang muss das »Imprint Training« kritisch erwähnt werden. Diese vom Tierarzt Dr. Miller entwickelte Methode will das Fohlen bereits unmittelbar nach der Geburt daran gewöhnen, sich überall widerstandslos festhalten, fixieren und berühren zu lassen. Weil diese Methode das kritische Zeitfenster der Prägung nutzt, ist sie sicherlich sehr effektiv. Dass sie aber in die Artprägung eingreift und diese potentiell stört, ist offensichtlich.

Ein in Pferdekreisen weniger bedeutender, bei uns Menschen aber die Hauptstellung einnehmender Lernprozess nennt sich *Neukombiniertes Verhalten* oder *Lernen durch Einsicht.* Neukombiniertes Verhalten in signifikanter Ausprägung zeigen zu können ist ein Privileg besonders hoch entwickelter Lebewesen. Insbesondere Menschenaffen und Delphine besitzen die Fähigkeit

Menschen wissen – theoretisch – schon vorher, wie der beste Weg zum Erfolg aussieht.

der Einsicht in Situationen, die es ihnen erlaubt, mögliche Reaktionen oder Lösungswege vorab in Gedanken durchzuspielen und dann die am besten passende Verhaltensweise auf Anhieb zu zeigen. Zur Einsicht befähigte Lebewesen müssen also nicht lange probieren, sondern agieren sofort richtig. Viele Probleme in der Ausbildung und Erziehung von Pferden beruhen darauf, dass wir Menschen unseren Pferden unbewusst unterstellen, diesbezüglich zu vergleichbaren Leistungen fähig zu sein und dann enttäuscht und frustriert reagieren, weil entsprechende Erfolge ausbleiben.

Für uns Menschen bedeutet dies: Wir dürfen an unsere Pferde nicht den Anspruch auf einsichtiges Verhalten stellen. Wissenschaftler sind sich einig, dass sie dazu, wenn überhaupt, nur in begrenztem Maße fähig sind. Erwarten wir bewusst oder unterschwellig Einsicht, werden wir mit Sicherheit enttäuscht.

Die *Klassische Konditionierung* ist Ihnen im Rahmen dieses Buches schon einmal begegnet, allerdings unter dem Namen »Clickertraining«. Dieses nämlich nutzt das Grundprinzip der

Bei der Klassischen Konditionierung wird ein primärer Reiz wie etwa Futter mit einem Signalreiz zeitlich gekoppelt.

Klassischen Konditionierung. Wer bei diesem Begriff spontan an die Pavlov´schen Hunde denkt, liegt richtig. Das Prinzip ist recht einfach: Ein bestimmter Reiz – bei Pavlov war es der Anblick von Futter – löst eine bestimmte Reaktion aus – die Hunde begannen zu sabbern. Reiz und Reaktion sind reflektorisch miteinander verknüpft. Auf diesem Automatismus aufbauend fügt der Mensch zeitlich gekoppelt einen zusätzlichen Reiz – ein aufleuchtendes Licht – hinzu. Beim Empfänger entsteht eine neue Verbindung zwischen dem primären (Futter)Reiz und dem »künstlichen« Reiz, Signalreiz genannt. Irgend-

wann löst schon der Signalreiz alleine eine Reaktion aus.

Für uns Menschen bedeutet dies: Auf dem Prinzip der Klassischen Konditionierung beruht das erwähnte Clickertraining. Das Click ersetzt andere Reize, die beim Pferd Wohlbefinden, ein gutes Gefühl, Zufriedenheit auslösen. Ob es Sinn macht, »echte« Belohnungen durch ein metallenes Clickgeräusch zu ersetzen, mag jeder selbst beurteilen. Funktionieren tut es jedenfalls, und Schaden nimmt das Pferd dabei nicht, wenn es richtig gemacht wird.

Uns Menschen ist die *Operante Konditionierung* eher unter dem Begriff »Versuch-Irrtum-Methode« oder »trial and error«, auch »Lernen am Erfolg« bekannt. Die Klassische Konditionierung beruht ja auf automatischen Abläufen, auf Reflexen, der Operanten Konditionierung dagegen liegt bewusstes Handeln zugrunde. Der solcherart Lernende erfährt »Handle ich so, ist dies die Folge« und kann, insbesondere wenn diese Erfahrung wiederholt wird, die beste Handlungsweise für verschiedene Situationen herausarbeiten. Der nach einer bestimmten Handlung eintretende Erfolg dient als positiver Verstärker.

Für uns Menschen bedeutet dies: Die Operante Konditionierung kann in vielen Fällen bewusst eingesetzt werden und ist eine sehr effektive Lernmethode. Ohne selbst strafend oder lobend einzugreifen geben Sie Ihrem Pferd Gelegenheit, Erfahrungen zu machen.

Auch das *Spielverhalten* sehen Wissenschaftler als eigenständigen Lernprozess an. Im Spiel kann das Pferd viele Verhaltensweisen erproben, ohne dass es »um etwas geht« – denn der fehlende

Auch diese Senioren spielen mit Hingabe und verfeinern so ihre sozialen und kommunikativen Fähigkeiten.

Ernstbezug ist typisch für das Spiel. Es wird gerauft und gerangelt, mal eben auf Mama aufgeritten oder an der Futterkrippe geknabbert, mit einem Ast geschlenkert oder anscheinend völlig panisch geflüchtet: Ist nicht ernst gemeint, ich spiele bloß!

Für uns Menschen bedeutet dies: Geben wir unseren Pferden Gelegenheit, sich spielerisch – am besten in der Gruppe – zu betätigen, tun wir viel für die Entwicklung ihrer Persönlichkeit. In der Gruppe lernen Pferde spielerisch angemessenes Sozialverhalten, was uns Menschen zugute kommt. Umgekehrt aber sind und bleiben viele Pferde sozial defizitär, wenn ihnen keine Mög-

lichkeit zum Sozialkontakt im Allgemeinen und zum sozialen Spiel im Besonderen gegeben wird.

In der Schule verboten, in Pferdekreisen ein wichtiges Instrument, mit dem sich prima lernen lässt: Das Abgucken. Die *Nachahmung* von Verhaltensweisen erlaubt schon dem Fohlen, von den Erfahrungen seiner Artgenossen, zunächst insbesondere seiner Mutter, zu profitieren. Was die Mama frisst, kann auch das Fohlen bedenkenlos zu sich nehmen; wie Mama auf Menschen reagiert, sieht das Kleine sich ab.

Für uns Menschen bedeutet dies: In vielen Situationen lernen Pferde von Artgenossen effektiver als von uns Zweibeinern. Dies macht sich der Mensch viel zu selten bewusst zunutzen. Steht dem ausbildenden und erziehenden Pferdefreund ein zweites, wohl erzogenes und weit gefördertes Pferd zur Verfügung, kann dieses als Lehrmeister eingesetzt werden: Handpferdreiten, gemeinsame Ausritte oder Spaziergänge, Anbinden nebeneinander. Lassen Sie den Nachwuchs zusehen, wie der erfahrene Kollege beschlagen, geschoren, vom Tierarzt behandelt wird, so sieht der oder die Kleine sich ab, wie man sich dabei zu verhalten hat.

Auch das *Lernen durch Gewöhnung* spielt bei der Erziehung unserer Pferde eine Rolle. Bei diesem Lernprozess wird durch häufige Konfrontation

Im Gespann sieht sich einer vom anderen ab, wie es geht.

mit bestimmten Reizen die Schwelle, bei der eine Reaktion auf den Reiz erfolgt, allmählich erhöht. Dies funktioniert nur dann, wenn mit diesem Reiz weder positive noch negative Folgen verbunden sind. Dieses Lernen durch Gewöhnung hat übrigens nichts mit der Notwendigkeit zu tun, Lernerfolge durch Wiederholung zu festigen.

Für uns Menschen bedeutet dies: Lernen durch Gewöhnung können wir sowohl bewusst einsetzen als auch so ganz nebenbei ausnutzen (beispielsweise, indem wir unsere Pferde nicht von ihrer Umwelt abschirmen). Andererseits müssen wir uns bewusst sein, dass Pferde auch dann durch Gewöhnung lernen, wenn wir dies nicht wünschen oder uns das nicht bewusst ist: Die gefürchtete Desensibilisierung, die Abstumpfung von Pferden bezüglich der reiterlichen Hilfen, beruht im Grund auf genau diesem Lernprozess.

Dem erzieherisch und ausbildend tätigen Menschen stehen also viele ganz unterschiedliche Möglichkeiten offen, sein Pferd aktiv zu lehren und passiv lernen zu lassen. Dass Lernen ein dynamischer, ständig ablaufender Prozess ist, kann sich zum Vorteil wie auch zum Nachteil von Pferd und Mensch auswirken. Ausbildung und Erziehung sind bis ins hohe Pferdealter möglich, Korrekturen zu jeder Zeit sinnvoll und machbar, es können aber auch jederzeit weit reichende Fehler gemacht werden. Im Pferd gibt es keine interne »Aufsichtsfunktion«, die sinnvolle, angemessene Lerninhalte speichert und sinnlose, unangemessene verwirft. Mit anderen Worten: Das Pferd lernt richtiges Verhalten ebenso leicht wie falsches.

oben: Dieses noch sehr »zuckige« Jungpferd gewöhnt sich schrittweise an raschelnde und flatternde Tüten.
unten: Keine interne Kontrollinstanz unterscheidet automatisch zwischen »gut« und »schlecht«.

Lob und Strafe

5

Wissen, wo es lang geht
und bestimmen, wo es lang geht,
das ist Ihre Aufgabe.

5. Lob und Strafe

Wenn Sie Ihr Pferd ausbilden und erziehen, müssen Sie richtiges Verhalten unterstützen, belohnen und schlechtes Verhalten unangenehm machen, im weitesten Sinne bestrafen. Das klingt eigentlich einfach, aber schnell tauchen Fragen auf: Wie belohne ich richtig? Was empfindet mein Pferd als Lob? Und wie sieht eine Strafe aus? Mag mein Pferd mich überhaupt noch, wenn ich es bestrafe?

Das Wichtigste zuerst: Es ist nicht nur möglich, sondern entspricht sogar genau dem genetisch fixierten Bedürfnis Ihres – jedes – Pferdes, wenn Sie ihm gleichzeitig Chef und Freund sind. Liebevolle Konsequenz, feste Regeln, das braucht Ihr Pferd von Ihnen. Ihr Pferd mag Sie, vertraut Ihnen, wenn Sie ihm ein guter Anführer sind. Sie bestimmen, wo es lang geht, beschützen es aber auch, bewahren es vor negativen Erlebnissen, sorgen für ein artgerechtes Lebensumfeld.

Verstärker

Der Wissenschaftler spricht nicht von Lob und Strafe, sondern von »Verstärkern«. Ein positiver Verstärker ist eine als angenehm empfundene Reaktion auf ein gezeigtes Verhalten, eine Antwort die bewirkt, dass dieses Verhalten in der Folge häufiger, besser oder schneller gezeigt wird. Man unterscheidet zwischen primären (sie befriedigen physiologische Bedürfnisse, löschen also Durst, stillen Hunger, befriedigen sexuelle Lust) und sekundären (sie erhalten ihre positive Bedeutung mit der Zeit aus der Verknüpfung mit einem primären Verstärker) Verstärkern. Es entsteht eine Ereigniskette: Ihr Pferd zeigt ein erwünschtes Verhalten -> es wird dafür belohnt -> verbindet ein positives Empfinden mit dem

Primäre Verstärker stillen beispielsweise Hunger.

zuvor gezeigten Verhalten -> wird darin bestärkt, dieses Verhalten zukünftig öfter/besser/abrufbarer zu zeigen.

Was wir unter Strafe verstehen, wird wissenschaftlich als negativer Verstärker bezeichnet. Eine Strafe, die direkt auf ein unerwünschtes Verhalten folgt, führt mit der Zeit dazu, dass dieses Verhalten weniger oder nicht mehr gezeigt

Schon einfaches Treiben kann als negativer Verstärker eingesetzt werden.

wird. Hier von einem Verstärker zu sprechen scheint paradox, denn die unerwünschte Handlung wird schließlich nicht verstärkt, sondern unterdrückt oder gelöscht. Der Begriff »Strafe« gefällt uns auch nicht, denn damit assoziieren wir eher schmerzhafte oder Angst erregende Reize. Nutzen wir also lieber den Begriff »Tadel« und verstehen darunter alles, was mein Pferd als eher unangenehm, stressig, anstrengend empfindet, was es davon abbringen kann, unerwünschtes Verhalten zu zeigen. Die Ereigniskette sieht nun so aus: Ihr Pferd zeigt unerwünschtes Verhalten -> wird getadelt -> verbindet ein negatives Gefühl mit dem zuvor gezeigten Verhalten -> wird bestärkt, dieses Verhalten nicht zu zeigen.

Verstärker

Wichtig im Umgang mit Verstärkern sind folgende Punkte:
- *Sie müssen für das Pferd eine Bedeutung haben,*
- *im unmittelbaren zeitlichen Bezug zum Verhalten stehen, damit das Pferd die Verknüpfung zu seinem zuvor gezeigten Verhalten herstellen kann und*
- *konsequent regelmäßig, also bis zum Lernerfolg bei jedem erneuten Auftreten des Verhaltens eingesetzt werden.*

Loben – positiv verstärken

Wie sieht ein positiver Verstärker aus? Was bringt mein Pferd dazu, ein bestimmtes, erwünschtes Verhalten zu zeigen? Was mag mein Pferd, und was mag es nicht? Lob dient der Motivation Ihres Pferdes und muss so ausfallen, dass es für Ihr Pferd – nicht für Sie – eine positive Bedeutung hat.

 Positive Verstärkung

Ihr Pferd fühlt sich gelobt, positiv gestimmt durch

■ *die Gabe von Leckerli oder anderen Futterbelohnungen. Da es sich dabei um primäre Verstärker handelt, wirkt dies sehr zuverlässig. Allerdings ist die Gabe von Futter aus der Hand des Chefs ein zwiespältiges Signal und führt oft dazu, dass ein Pferd entsprechende Belohnungen hartnäckig bettelnd und aufdringlich werdend einfordert. Leckerli dürfen, wenn überhaupt, nur sehr sparsam, gezielt und zeitlich begrenzt eingesetzt werden. Sie in Form von Bestechung zu nutzen – quasi in der Vorwegnahme eines Lobes auf erhofft positives Verhalten – ist übrigens völlig sinnlos, denn der Gedankengang »Jetzt will ich aber auch lieb sein, weil mein Frauchen mir so tolle Leckerli gegeben hat« liegt jenseits des geistigen Leistungsvermögens eines Pferdes.*

■ *Berührungen, insbesondere durch ein Streicheln der Stirn, Kraulen am Widerrist, an der Kruppe oder an anderen »Lieblingsstellen«, die Sie unbedingt herausfinden sollten.*

■ *jede Aufmerksamkeit, die Sie auf es richten.*

■ *stimmliches Lob (»Suuuper«, »Guuut gemacht«, »Priiima!«), gesprochen mit deutlicher Betonung und heller Stimme, wenn Sie zunächst dieses für das Pferd bedeutungslose Signal mit einem anderen Reiz verknüpfen, der einen positiven Inhalt hat. Loben Sie also etwa zunächst gleichzeitig durch Stimme und ein Streicheln der Stirn, assoziiert Ihr Pferd mit der Zeit das stimmliche Lob mit dem angenehmen Streicheln und wird später dieses Gefühl auch haben, wenn Sie nur mündlich loben. Gewöhnen Sie sich an, immer dieselben Worte, Formulierungen und Tonlagen zu nutzen, um Ihrem Pferd das Verständnis zu erleichtern.*

■ *alles, was es im Rahmen des Trainings als Erleichterung und Entspannung empfindet, etwa die Entlassung in die Dehnungshaltung, das Einstellen einer körperlich oder geistig anstrengenden Lektion, eine Schrittpause, eine kurze Rast. Beenden Sie deshalb auch immer eine Übung in dem Moment, wo sie gut gelungen ist oder das Pferd einen wichtigen Schritt in die richtige Richtung gegangen ist; beenden Sie ebenso die komplette Trainingseinheit, wenn es gerade gut läuft.*

*Mit der Stimme positiv verstärken:
Das hast Du guuuuut gemacht!*

*Futterbelohnungen kommen garantiert gut an –
aber übertreiben sollte man es nicht …*

Natürlich gibt es viele weitere Möglichkeiten, Ihr Pferd in eine positive Grundstimmung zu versetzen, aber im Rahmen von Erziehung und Ausbildung ist vieles nicht als Lob einsetzbar, weil der unmittelbare zeitliche Bezug zum erwünschten Verhalten fehlt. Trotzdem spricht natürlich nichts dagegen, Ihr Pferd nach einer besonders gelungenen Leistung ausgiebig zu verwöhnen, indem Sie etwa nach getaner Arbeit mit ihm Grasen gehen, es sich wälzen lassen, ein bisschen massieren oder unter die Wärmelampe stellen.

Tadeln – negativ verstärken

Bei der Aufzählung möglicher Lobeshymnen wird Ihnen schon aufgefallen sein, dass sich die positiven Verstärker zwei Gruppen zuordnen lassen: In einer Gruppe finden wir alles, was wir Menschen

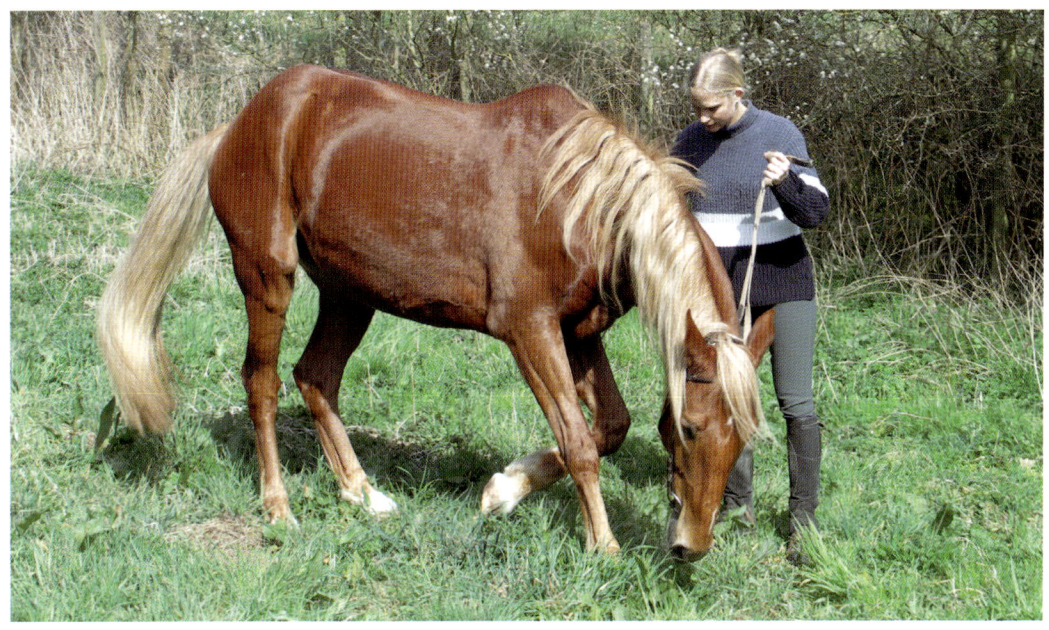

Nach einer anstrengenden Übung …
… wird geruht, gelobt, freundlich gesprochen: Positiv verstärkt.

Negative Verstärkung

Ihr Pferd empfindet u. A. dies als Tadel:

■ *Verstärken Sie das Tempo, den Versammlungsgrad, wenn dies möglich ist, den Schwierigkeitsgrad einer Lektion. Bringen Sie Ihrem Pferd bei: Wenn Du Mist baust, wird es anstrengend!*

■ *Entziehen Sie ihm Aufmerksamkeit, das wirkt vor allem bei besonders menschenfreundlichen Pferden Wunder. Entziehen Sie ihm gewohnte Annehmlichkeiten oder ein Lob.*

■ *Nutzen Sie Ihre Stimme: Ein scharfes und genügend lautes »Na!«, Oooooooooweh!« oder ein scharfes Zischen macht Ihr Pferd aufmerksam, Ihr Tonfall sagt ihm, dass Sie gerade sehr unzufrieden sind. Verbinden Sie den mündlichen Tadel zunächst mit anderen Maßnahmen, die unangenehm wirken, um dem negativen Verstärker die richtige Bedeutung zu geben.*

■ *Irritieren Sie Ihr Pferd, bauen Sie Druck auf. Vor allem im Rahmen der Bodenarbeit kann ein Wedeln mit der Longierpeitsche, ein kreisendes Seilende, ein schnelles Hochreißen der Arme ein »Huch!« bei Pferd auslösen. Als Fluchttier ist es prädestiniert darauf, diese Maßnahmen als negativ zu empfinden.*

■ *Scheuchen Sie Ihr Pferd, verjagen Sie es knackig und nachdrücklich. Lassen Sie es nicht zur Ruhe kommen, treiben Sie es. Aber: nie in die Enge treiben, nie in Angst und Panik versetzen!*

■ *Rückwärtsrichten oder ausweichen lassen ist ein effektiver negativer Verstärker, der auf dem arttypischen Verhalten unserer Pferde basiert. Sie rufen Ihr Pferd zur Ordnung, fixieren es erneut auf sich, machen ihm klar, dass Sie jetzt Wohlverhalten erwarten und unterstreichen Ihren überlegenen Rang auf verständliche Weise.*

als »richtiges« Lob empfinden, also ein lobendes Wort, eine lobende Berührung, ein Zeichen unserer Zuwendung, Fürsorge, ja Liebe. In der anderen Gruppe ordnen wir ein, was wir nicht als Lob im eigentlichen Sinne des Wortes empfinden, was aber unser Pferd in eine gute Stimmung versetzt: Wegnahme von Druck, Entspannung, eine Pause, das Einstellen einer anstrengenden Übung. Beide Varianten sind im Prinzip gleich wirksam. Je nach Situation werden Sie die Möglichkeit oder Kombination wählen, die gerade am besten

passt. Ebenso gehen Sie vor, wenn ein Tadel notwendig ist. Auch negative Verstärker gibt es in zwei Geschmacksrichtungen – einmal als »richtige« Tadel und dann wieder als Maßnahmen, die unser Pferd als unangenehm, anstrengend, stressig empfindet und die es langfristig davon abhalten, unerwünschtes Verhalten zu zeigen.

Natürlich muss Ihr Maßnahmenkatalog auch ein paar wirksame Methoden des Tadels enthalten, aber denken Sie immer daran: Richtiges Ver-

Das Abrufen einer für Geist und Körper anstrengenden Lektion kann zurechtweisend wirken.

Unterordnungsübungen stellen auch die Rangfolge klar.

halten muss sich für Ihr Pferd lohnen, sonst hat es keine Veranlassung, die von Ihnen gewünschten Verhaltensweise zu zeigen. Und ob der Wegfall potentieller Tadel alleine Motivation genug ist ...?

Gewaltfrei – geht das immer?

Profis werden bestätigen, dass es im Einzelfall, in besonderen Situationen auch einmal notwendig sein kann, in ganz begrenztem Umfang körperlich zu strafen. Ihre Aufgabe wird es sein, alle

Ausbildungssituationen so zu gestalten, dass dies möglichst nie notwendig sein wird. Es kommt aber doch (selten) vor, dass ein Pferd auf deutlich aggressive Weise Ihren Rang in Frage stellt: Es schnappt nach Ihnen, beißt, rennt Sie um oder schlägt gezielt nach Ihnen aus. Jede solche Situation müssen Sie umgehend analysieren, um angemessen reagieren zu können, und dazu braucht es viel Erfahrung: Hat mein Pferd nach mir ausgekeilt oder einfach einen freudigen Bocksprung gemacht? Hat das Pferd nach einer

Zurechtweisungen bestehen auch in Pferdekreisen zu 99 % aus Imponiergehabe.

Fliege geschnappt oder tatsächlich nach mir? Hat es mich schlicht übersehen oder absichtlich umgerannt? Nicht nur aus diesem Grund gehören echte Problempferde zur Korrektur immer in die Hand eines Profis, der über die entsprechende Erfahrung verfügt.

Angemessene Reaktionen auf Aggression bestehen zu 99 % aus reinem Imponiergehabe. Sie explodieren, lassen furchtlos ein lautes Theaterdonnern vom Stapel, eilen ein paar Schritte auf Ihr Pferd zu (Vorsichtig: Dem Pferd immer eine Fluchtmöglichkeit lassen!), bauen sich groß und breit auf und schinden Eindruck (mit den Armen wedeln, mit der Jacke rascheln, mit den Füßen schlurfen, mit einem Gegenstand kreisen oder wedeln). Es kann auch angemessen sein, einen ungefährlichen Gegenstand nach Ihrem Pferd zu werfen, etwa eine Bürste, einen Plastikeimer, einen Führstrick. Plustern Sie sich fürchterlich auf, agieren Sie überzeugend, in Pferdekreisen wird dies ebenso gehandhabt. Fast alle vergleichbaren Auseinandersetzungen unter Pferden können alleine mit solchen Mitteln beendet werden, wirklich handgreiflich wird man nur selten. Zeigt Ihr Pferd auf Ihren explosiv vorgetragenen Protest Einsicht – es wendet sich ab, weicht zurück, senkt den Kopf, kaut ab – kehrt sofort Ruhe ein. Stundenlange Gardinenpredigten versteht Ihr Pferd sowieso nicht, nachtragendes Verhalten Ihrerseits trübt Ihre Freundschaft. Ein souveräner Chef wird die Sache kurz und knapp klarstellen und dann sofort zur Tagesordnung übergehen. Alles Andere ist ein Eingeständnis von Schwäche, was Ihr Pferd sofort spitz kriegt!

Es wäre geheuchelt zu behaupten, man könnte tatsächlich immer und überall gänzlich auf das verzichten, was wir so unschön als »Gewalt« bezeichnen. Richtig ist allerdings, dass körperliche Strafen

■ bei den allermeisten Pferden nie notwendig sein werden,

■ eine einmalige Angelegenheit sein sollten,

■ sich in ihrer Intensität auf das absolut notwendige Mindestmaß beschränken müssen und

■ nie die Folge eines Kontrollverlusts des ausbildenden, erziehenden Menschen sein dürfen.

Übrigens: Sehen Sie sich ruhig einmal mit offenen Augen um – überall wird Pferden auf versteckte Weise Gewalt angetan, durch nicht artgerechte Haltung, Überforderung, unpassende Ausrüstung, mangelnde medizinische Grundversorgung. Und dass lassen Sie sich ja nicht zuschulden kommen, stimmt´s?

Zum Thema Gewalt

Gewalt soll in der Beziehung zwischen Ihnen und Ihrem Pferd keine Rolle spielen. Dazu ist zu sagen:

■ Gewalt steht einer harmonischen Beziehung im Weg, wenn sie ein alltäglicher oder häufig auftretender Bestandteil der gemeinsamen Arbeit ist.

■ Leider lassen uns die Pferde nicht immer die Wahl, sondern machen selbst Gewalt in der einen oder anderen Spielart zum Bestandteil ihrer Beziehung zu uns. Dies liegt daran, dass gewaltsame Auseinandersetzungen ein – wenn auch kleiner – Teil ihres arttypischen Verhaltensinventars sind.

■ In der Praxis zeigt sich, dass im Einzelfall eine einmalige, konsequent und richtig durchgeführte Antwort mit einem möglichst gering gehaltenen Gewaltelement allemal effektiver und langfristig schonender für alle Beteiligten ist als ein unangemessen weicher Schmusekurs. Sie ersparen Ihrem Pferd damit nicht zuletzt stundenlange Lektionen im Dominanztraining. Und das dieses eben nicht so gewaltfrei ist, wie man uns immer glauben machen will, wissen wir inzwischen.

Mit offenen Augen entdecken wir immer wieder Beispiele für ganz alltägliche Gewalt.

Fassen wir zusammen

Damit Erziehung gelingen kann, muss es sich für Ihr Pferd lohnen, sich wie gewünscht zu verhalten. Ohne den Einsatz von Verstärkern wird es Ihnen schwer fallen, Ihr Pferd zu motivieren. Richtiges Verhalten muss belohnt werden, damit Ihr Pferd mit der Zeit erkennen kann: Mir geht es total gut, wenn ich ausführe, was verlangt ist. Tue ich dies nicht, bleibt das gute Gefühl aus. Artig sein ist also toll! Ebenso unterdrücken Sie unerwünschtes Verhalten, indem Sie es mit einem negativen Gefühl verbinden: Durch den unmittelbaren zeitlichen Zusammenhang mit Druck, Stress, Anstrengung, Entzug von Zuwendung und Aufmerksamkeit. Gewalt spielt im erzieherischen Alltag keine Rolle. Allenfalls bei gezielten, gefährlichen Provokationen und echten Angriffen kann sie in Form von psychischer Gewalt (Vertreiben, Imponieren, Zurechtweisen) und nur in seltenen Einzelfällen einmalig als angemessen dosierte körperliche Strafe eingesetzt werden. Unter 1000 Pferden ist vielleicht eines, bei dem dies notwendig sein wird und dann auch nur, weil der Mensch zuvor Fehler gemacht hat ...

Erziehungs-Todsünden

6

Stolperfallen auf dem Weg zum wohlerzogenen Pferd

6. Erziehungs-Todsünden

Womit wir bei einem weiteren wichtigen Thema wären: Den Fehlern, mit denen wir Menschen uns gerne mal selbst ein Bein stellen. Im Zusammenhang mit der erzieherischen Ausbildung lässt sich geradezu eine Hitliste der häufigsten Stolperfallen auf dem Weg zum wohl erzogenen Pferd erstellen.

Platz Nummer 1:
Dieser Ehrenplatz gebührt zweifellos dem falschen Einsatz positiver oder negativer Verstärker
Es wird vor allem grundlos oder quasi in Vorwegnahme des erhofften guten Betragens, als Bestechung (»So ein braves Pony, bist ein ganz Lieber – jetzt mach auch, was ich von Dir will!«) gelobt. Unsere Pferde sind unbestechlich, nicht aus ethischer Überlegenheit, sondern weil ihnen diese Art zu denken (vorausschauend, berechnend) nicht möglich ist. Bestechung kommt als Bekenntnis eigener Schwäche beim Pferd an und erschwert Ihnen die Arbeit. Und häufiges, grundloses Loben nutzt die Wirksamkeit des positiven Verstärkers ab. Wozu mich anstrengen, wenn ich sowieso andauernd gelobt werde, egal, was ich tue?

Wenn du brav bist, kriegen wir so eine – Bestechung und ungeeigneter Verstärker zugleich.

Getadelt wird ebenfalls häufig ohne Anlass oder besser gesagt, ohne begründeten Anlass. Ein Tadel ist nicht angebracht, wenn Sie selbst einen Fehler gemacht haben, Sie Ihrem Pferd etwa nicht verständlich erklärt haben, was es tun soll. Wenn Ihre Hilfengebung widersprüchlich ist und Sie Ihr Pferd in eine Zwickmühle bringen. Wenn Sie Dinge verlangen, die Ihr Pferd momentan oder dauerhaft nicht leisten kann. Gehen Sie mit negativen Verstärkern ebenso sorgfältig und sparsam um wie mit Geld, mit positiven Verstärkern dürfen Sie großzügiger sein – aber nicht verschleudern! Erlauben Sie sich für jede Trainingseinheit ein Taschengeld von 9 Euro fürs Loben, die Sie ausgeben *müssen,* aber nur einen Euro fürs Tadeln, den Sie aber möglichst sparen *sollten.*

Platz Nummer 2:
Auch immer wieder gerne genommen wird falsches Timing beim Einsatz von Lob und Tadel
Damit Ihr Pferd eine wirksame Verbindung zwischen eigenem Handeln oder Unterlassen und den Folgen knüpfen kann, damit also der Einsatz positiver und negativer Verstärker zum Erfolg führt, muss das Timing stimmen. Nur mit einem unmittelbaren zeitlichen Zusammenhang kann das Pferd eine stabile Verbindung herstellen. Ohne die Fähigkeit reflektierenden Denkens ist es ihm nicht möglich, etwa zu folgern: »Weil ich vorhin so frech war, bekomme ich jetzt keine Karotten!« oder »Ich werde jetzt, am Ende der Trainingseinheit gelobt, weil ich vor zwanzig Minuten so artig an dem schrecklichen Trecker vorbeimarschiert bin!«. Loben Sie immer sofort, wenn ein Schritt in die richtige Richtung getan wird. Dazu müssen Sie äußerst aufmerksam und einfühlsam bei der Sache sein. Mit Argusaugen

Nur wenn der Verstärker in einem unmittelbaren zeitlichen Zusammenhang eingesetzt wird, kann er wirken.

erkennen Sie aber auch sofort, wenn etwas schief zu gehen droht und können deshalb mit einem rechtzeitigen Tadel die Untat im Keim ersticken. Zum richtigen Zeitpunkt tadeln oder loben ist vor allem eine Sache der Aufmerksamkeit des Menschen.

Platz Nummer 3:
Auf diesem Platz hat sich ganz ungezogen die mangelnde Konsequenz breit gemacht
Absolute Konsequenz bedeutet kein rigides, hirnloses Festhalten an einmal getroffenen Entscheidungen, sondern die stete Orientierung an Ihrem roten Faden. Sie haben eine genaue Vorstellung davon, wie sich Ihr Pferd zu verhalten hat und solange diese Vorstellung realistisch ist, sollten Sie daran festhalten. Zugeständnisse erschweren den Lernerfolg oder machen ihn unmöglich, da Ihr Pferd die Gründe für Nach-

Nur wenn Fehlverhalten konsequent korrigiert wird …
… ist Erziehung erfolgreich, was hier ein Hengst an der Stutenkoppel beweist.

giebigkeit nicht erkennen und verstehen kann und so verunsichert wird oder sich zum Chef aufschwingt. Wer nicht weiß, was er will, kann dominiert werden! Wenn Ihr Pferd also nicht an Ihnen herum zu schnobern hat, dann gilt dies immer, auch wenn Ihre Jackentasche lecker nach altem Brot riecht. Und wenn Ihr Pferd artig bei Fuß gehen soll, tut es das auch, wenn es im Frühling das erste Mal auf die Weide geht. Oder, wenn vor Ihrem Hengst ein Stütchen kokett mit den

Hüften schwingt! Natürlich können Sie nicht in jeder Situation Perfektion erwarten, wollen keinen sklavischen Gehorsam. Der entscheidende Punkt ist immer Ihr Anspruch, Ihr Festhalten am Ziel, nicht die jeweils unterschiedlich gute Performance Ihres Pferdes.

Platz Nummer 4:
Das Mittelfeld der Hitliste wird von menschlichen Profilneurosen angeführt

»Seht her, wie perfekt ich dieses anspruchsvolle/problematische/temperamentvolle Pferd beherrsche!« ruft der Profilneurotiker stolz und zwingt seinem Ross – am besten einem Hengst, Hengste sind ja bekanntlich per se schon gefährlich – ein neues Erziehungs-Kunststück ab. Kadavergehorsam von seinem Pferd zu verlangen ist ein prima Ausgleich, wenn man sich ansonsten als schwach erlebt. Mit Erziehung hat diese Pudeldressur nichts zu tun. Auch der übertriebene Einsatz von Dominanztraining hat seinen Ursprung oft in Minderwertigkeitsgefühlen. Erziehung ist Mittel zum Zweck, nicht Selbstzweck. Während der inkonsequent handelnde, mit falschem Timing oder unangemessen lobende oder tadelnde Erziehungsberechtigte meist prompt die Quittung für sein fehlerhaftes Vorgehen erhält, läuft die Pudeldressur oft oberflächlich gesehen sehr gut. Das abgerichtete, unterworfene Pferd »funktioniert« scheinbar, seine Persönlichkeit allerdings nimmt Schaden.

Platz Nummer 5:
Gar nicht so selten finden wir den Einsatz ungeeigneter Verstärker als Ursache für ausbleibenden Erfolg

Wer sagt eigentlich Ihrem Pferd, dass es ein lautes, knallendes und mit Sicherheit unangenehmes Klatschen Ihrer Handfläche an seinem Hals als Lob zu verstehen hat? Hat das schon einmal irgendjemand verständlich begründen können? Diese aus dem typisch menschlichen Beifallsklatschen abgeleitete Geste ist nett gemeint und vielleicht merkt auch der eine oder andere vierbeinige Schlaumeier irgendwann tatsächlich, was sein Mensch ihm damit sagen will, als gut verständliches, ein Pferd in eine angenehme Stimmung versetzendes Lob ist sie völlig ungeeignet. Kraulen statt Klatschen ist also angesagt! Auch das Streicheln der Nase wird oft nicht als Lob empfunden, da die Nase ein fast schon intimer Bereich für das Pferd ist.

Ein ungeeigneter positiver Verstärker ist auch der ausbleibende Tadel. Im Umgang mit Pferden machen viele Menschen den Fehler zu glauben, wenn sie nicht tadeln, sei das schon Lob genug. Dieses Verhalten findet sich in hierarchischen Beziehungen von Menschen untereinander, aber auch in so manchem Unterrichtsstil ... Was beim Menschen mehr schlecht als recht funktionieren mag, geht beim Pferd überhaupt nicht. Nur ein Lob, eine Bestärkung kommt als Motivator beim Pferd an. Damit Ihr Pferd das Richtige tut müssen Sie ihm sagen, was richtig ist.

Platz Nummer 6:
Wenn nicht alle an einem Strang ziehen, geht der Schuss nach hinten los

Kennen Sie den Tanten-Effekt? Mama und Papa geben sich mit der Erziehung Ihres Sprösslings die größte Mühe und dann kommt die gute Tante (ich bin selber eine ...) und macht alles zunichte. Die lieben Kleinen dürfen nun, was sonst untersagt ist und kosten dies nach Herzenslust aus. Es ist oft nicht ganz einfach, sie davon zu überzeugen, dass manche Regeln zwar nicht immer durchgesetzt werden, aber trotzdem ihre Gültigkeit haben. Aufgrund der Einsichtsfähigkeit ins-

Klatschen ist toll – hat das mal jemand Ihrem Pferd erklärt?

besondere älterer Kinder bleiben Ausflüge ins erzieherische Nirwana häufig überraschend folgenlos. Nicht so bei unseren Pferden: Ihnen fehlt ja, wie bekannt, weitgehend die Fähigkeit zur Einsicht und so werden sie je nach Naturell mit Verunsicherung, Resignation oder Aggression reagieren, wenn ihnen verschiedene Bezugspersonen ganz unterschiedliche Ansprüche, Signale, Erwartungen entgegenbringen, wenn schlicht die Regeln andauernd und für das Pferd nicht nachvollziehbar geändert werden. Arbeiten mehrere Menschen mit Ihrem Pferd, müssen Sie sich untereinander sorgfältig abstimmen.

Platz Nummer 7:
Ergebnis mancher Ausbildung und Erziehung ist das desensibilisierte Pferd

Ein fein reagierendes Pferd ist Belohnung und Herausforderung zugleich: Es ist besonders angenehm im Umgang und bei der Arbeit, verlangt dem Menschen aber auch einiges an Sensibilität ab. In jedem Fall muss es ein Ziel des Menschen sein, die Feinfühligkeit seines Pferdes zu erhalten oder zu verbessern. Dies gelingt nur mit gut abgestimmten Hilfen. Gut abgestimmt, dazu gehört:

■ Leiten Sie Signale möglichst ein, indem Sie die Aufmerksamkeit des Pferdes gezielt auf sich len-

Der Ausdruck des Pferdes deutet es an, aber nur beim genauen Hinsehen erkennt man, dass hier widersprüchliche Signale gegeben wurden: Die linke Hand treibt, die recht bremst.

ken (halbe Parade, Nennung des Namens vor dem eigentlichen Befehl);

■ geben Sie immer dieselben Signale, damit eine feste Verknüpfung Befehl –> Verhalten entsteht;

■ Sie müssen immer damit rechnen, dass Ihr Pferd einen Befehl nicht ausführt. Erarbeiten Sie dafür eine Abfolge von drei Signal-Intensitäten. Damit ist gemeint: Beim ersten Mal geben Sie das Signal verständlich, aber fein und zart, reagiert Ihr Pferd nicht, werden Sie beim zweiten Mal nachdrücklicher (Stimme erheben, energischere Handbewegung, leichtes Schnalzen der Gerte oder Peitsche usw.) und beim dritten Mal

rappelt es. Ihr Pferd lernt so, dass es von Vorteil ist, bei der ersten »Anfrage« zu reagieren, weil es danach zunehmend unangenehm wird. Sie können sicher sein, dass Ihr Pferd sich insgesamt seine Sensibilität erhält.

■ Lassen Sie Ihr Pferd bitteschön in Ruhe, wenn es brav ausführt, was verlangt wird. Dauerndes Wedeln von Gerte und Peitsche, ständige Wiederholung einer Anweisung ohne Notwendigkeit nimmt Ihren Signalen die Bedeutung.

Die häufig zu beobachtende Desensibilisierung oder Stumpfheit der Pferde hat ihre Ursache meist darin, dass Signale ohne Anlass wiederholt, in unnötig grober Form oder schlicht wider-

Langweilen und unterfordern Sie Ihr Pferd nicht!

sprüchlich gegeben werden. Einhergehend mit einer Desensibilisierung ist bei vielen Pferden eine resignierte Grundhaltung und fehlender Laufwille zu beobachten, was nicht verwunderlich ist.

Vermischtes

Rufen Sie sich in Erinnerung zurück, was bereits über die Notwendigkeit gesagt wurde, die Rolle des Herdenchefs ganz souverän im Alltag zu leben. Denken Sie daran, dass Pferde Meister im Lesen versteckter, über die Körpersprache des Menschen unbewusst ausgesendeter Botschaften sind und immer sofort merken, wenn man ihnen ein X für ein U vormachen will – selbst wenn sich der Betreffende dessen nicht bewusst ist. Gelingt es Ihnen, Ihre Rolle als freundlicher Chef authentisch mit Leben zu erfüllen, haben Sie einen der wichtigsten und häufigsten Fehler bereits vermieden.

Ärgern Sie sich nicht über Ihr Pferd, werden Sie nicht wütend, verlieren Sie nicht die Fassung. Wilde Prügelaktionen, sinnloses Draufhauen sind nicht nur ethisch nicht zu vertreten, sondern auch einfach sinnlos. Unterlassen Sie die weit verbreitete Unart, Ihr Pferd bei einem Fehlverhalten kräftig am Gebiss zu rucken. Ein solcher »Insterburger« macht Ihr Pferd im Maul stumpf, verängstigt und demotiviert es und bringt genau null Lernerfolg. Langweilen und unterfordern oder verunsichern Sie Ihr Pferd nicht durch ständige Wiederholung von bereits gelernten Inhalten. Führübungen bei einem perfekt halfterführigen Pferd, Dominanztraining bei einem ganz braven, das macht keinen Sinn. Überfordern Sie Ihr Pferd aber auch nicht, indem Sie wichtige Lernschritte überspringen (»Das muss er doch inzwischen können!«). Ihr Pferd hat ein individuelles Lerntempo, hat individuelle Stärken und Schwächen. Sie hatten ja in der Schule auch nicht in allen Fächern eine glatte »1«, oder?

Erfolgreiche Erziehung

Damit Erziehung gelingen kann, müssen Sie Ihrem Pferd sagen, was es tun soll und es ihm leicht machen, das gewünschte Verhalten zu zeigen. Sie müssen Lob und Tadel stets überlegt und in einem engen zeitlichen Zusammenhang einsetzen. Auch die eigene innere Haltung des Ausbildenden spielt eine wichtige Rolle; sie entscheidet mit darüber, ob erzieherische Arbeit sinnvoll und effektiv, zum Nutzen von Pferd und Reiter gestaltet wird. Es gilt einige, häufiger vorkommende Fehler zu vermeiden, um die Ausbildung nachhaltig erfolgreich gestalten zu können.

Ob es Ihrem Pferd schmeckt oder nicht: Sie sind der Bestimmer!

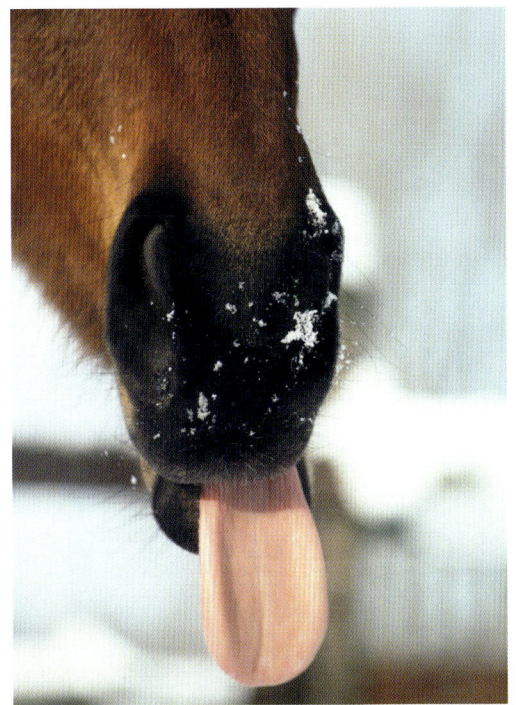

Wie bereits ausführlich dargelegt, lassen sich Erziehung und Ausbildung im Alltag kaum sinnvoll trennen. Die Ausbildung zur Halfterführigkeit etwa ist eben eine Ausbildung, gutes Benehmen unter dem Sattel kann nur das an den Hilfen stehende Pferd zeigen, korrektes und effektives Longieren ist zu 90 % ebenfalls das Ergebnis entsprechenden Trainings. Greifen wir im Folgenden die wichtigsten erwünschten Verhaltensweisen heraus, die zu einer guten Erziehung gehören und lassen weg, was wirklich nur Ausbildung ist. Dabei bleibt die Darstellung naturgemäß lückenhaft, aber diese Lücke schließen Sie

■ durch guten und regelmäßigen Unterricht, auch in Form von Kursen, die sich Einzelthemen widmen,

■ durch Lektüre entsprechender Fachliteratur und

■ indem Sie Erfahrungen sammeln, am besten mit mehreren Pferden.

Was also steht im Pferdeknigge? Als große Überschrift könnte ein Satz dienen, den mein Neffe Fredi mal angesichts elterlicher Reglementierungen ganz empört seinem Vater gegenüber geäußert hat: »Du bist hier nicht der Bestimmer!« Mein Bruder konnte ihn dann liebevoll-konsequent vom Gegenteil überzeugen und ihm klarmachen, dass dies zu seinem, Fredis, Besten so ist. Das Verhältnis zwischen einem (pferdekundigen und Pferde liebenden) Menschen und seinen Pferden hat viel von dem zwischen Eltern und Kindern, auch wenn man sich sonst mit anthropozentrischen Vergleichen sehr zurückhalten sollte. Es gilt also: Sie und nur Sie regeln das gemeinsame Tun, zwar nach Ihren Wünschen und Bedürfnissen, aber immer auf der Basis fundierten Wissens und echten Respekts dem Pferd gegenüber. Sie sind der Bestimmer!

Mein Pferd ist gut erzogen

7

7. Mein Pferd ist gut erzogen

Rekapitulieren wir

Ein gut erzogenes Pferd zeigt erwünschte und unterlässt unerwünschte Verhaltensweisen und dies im Idealfall bei eher zurückhaltender Einwirkung des Zweibeiners.

Natürlich sind der Erziehung unserer Pferde naturgegebene Grenzen gesetzt (»Sitz«, »Platz« und »Gib Laut« dürfte ihnen eher schwer fallen). Auch unterscheiden sich die Ziele und Schwerpunkte je nach Reitweise, reitsportlicher Disziplin, individuellem Anspruch des Menschen und den Lebensumständen. Es lässt sich aber eine Liste von Mindestanforderungen aufstellen, die für jedes Pferd mehr oder weniger verbindlich ist oder sein sollte:

■ Jedes Pferd lässt sich einfangen.

Wer sagt, dass nicht auch Pferde »Platz« machen können?

Begleitumstände

Damit dieses Ziel erreicht werden kann, müssen auch die Begleitumstände stimmen.

■ Der Besitzer hat eine klare Vorstellung davon, wie sich sein Pferd im Idealfall verhalten sollte.

■ Die Arbeit an den Erziehungszielen zieht sich durch jedes Zusammensein von Pferd und Mensch und ist nicht etwa auf zeitlich begrenzte Lerneinheiten beschränkt.

■ Alle mit dem zu erziehenden Pferd befassten Menschen ziehen an einem Strang, was die Ziele und die eingesetzten Methoden angeht.

■ Der Erziehung liegt ein roter Faden zugrunde, entweder in Form eines bewährten Ausbildungssystems, regelmäßiger Anleitung durch einen sachkundigen Trainer oder basierend auf umfassenden Erfahrungen und Wissen des Pferdehalters.

■ Die Lebensumstände sind so gehalten, dass die Grundbedürfnisse jedes Pferdes befriedigt werden, da dies eine Grundvoraussetzung für das Gelingen von Erziehungsarbeit ist.

Halfterführigkeit gehört zu den Grundelementen der Erziehung: Hier gehen gleich beide brav »Bei Fuß«.

■ Jedes Pferd lässt sich anbinden und bleibt am Anbindeplatz ruhig stehen.

■ Jedes Pferd lässt sich am Halfter führen und hält sich am losen Führstrick an einer vom Menschen vorgegebenen relativen Position zum Führenden. Es passt sich im Tempo dem Führenden an und macht Richtungs- und Tempowechsel fließend mit.

■ Jedes Pferd bleibt während der Arbeit unter dem Sattel wie auch beim Führen auf Aufforderung ruhig stehen. Es darf dann Kopf und Hals, aber keinen Huf bewegen.

4 Schritte zum Erfolg

Sie kommen in vier Schritten zum wohl erzogenen Pferd:

■ *Fördern Sie erwünschte Verhaltensweisen Ihres Pferdes durch Lob und echte Anerkennung kleiner Fortschritte.*

■ *Löschen Sie unerwünschte Verhaltensweisen, indem Sie Lob und Bestärkung vorenthalten, Ihrem Pferd die Situation unangenehm machen, es schlicht und einfach ignorieren oder Ihr Missfallen deutlich machen.*

■ *Verhalten Sie sich konsequent wie ein wohlmeinender Chef, leben Sie Ihre Führungsrolle beständig.*

■ *Sorgen Sie dafür, dass Ihr Pferd Sie mag, sich gerne in Ihrer Nähe aufhält, bei Ihnen Schutz und Bestärkung erfährt. Erwerben und erhalten Sie sich sein Vertrauen!*

■ Jedes Pferd hält unaufgefordert in jeder Situation einen respektvollen Abstand zum Menschen ein.

■ Jedes Pferd lässt sich unter dem Sattel zumindest in Tempo und Richtung lenken.

Erziehung im Fohlenalter

Sie dürfen aufatmen – Ihr Fohlen braucht Sie eigentlich nicht. »Erziehungsberechtigt« sind die Eltern und andere Herdenmitglieder. Der intakte Herdenverband ist nicht nur ein idealer Spielplatz für das junge Pferd, sondern auch seine Schule. Dort entwickelt es seine soziale Intelligenz, eine wichtige Voraussetzung für die spätere Zusammenarbeit mit dem Menschen. Es übt sich in allen dem Pferd zur Verfügung stehenden Spielarten innerartlicher Kommunikation. Jedes artgerecht aufwachsende Fohlen lernt, sich im Spannungsfeld zwischen Unterordnung (Subordination) und Überlegenheit (Dominanz) zu bewegen. Gutes Benehmen nach Pferdeart heißt vor allem: Abstand wahren, Rangüberlegenheit respektieren!

Artgerechte Aufzucht und angemessene Sozialkontakte mit dem Mensch können Hand in Hand gehen.

Die Aufzuchtbedingungen bestimmen darüber, wie viel Kontakt ein Fohlen mit Menschen hat und wie dieser Kontakt aussieht. Ein artgerecht in der Herde – erst aus Stuten und Fohlen, dann aus gleichaltrigen Jungpferden bestehend – aufwachsendes Jungpferd wird zwar medizinisch und pflegerisch grundversorgt, auch einmal verladen, bei einer Fohlenschau präsentiert, bei Krankheiten und Verletzungen intensiv betreut, aber nicht weitergehend »gehändelt« oder gar gearbeitet. Es erhält sich seinen natürlichen Respekt vor dem Menschen und entwickelt gleichzeitig seine soziale Intelligenz innerhalb der Herde.

> ## Die wichtigsten Regeln
>
> *Die wichtigsten Regeln für den Anfang:*
> - *Keine Leckerli aus der Hand geben!*
> - *Kein Fellkraulen auf Gegenseitigkeit zulassen!*
> - *Aufnahme und Abbruch von Kontakt initiieren (bis auf wenige Ausnahmen) immer Sie!*
> - *Aufdringlichkeit beantworten Sie mit Wegscheuchen ohne Spielcharakter!*

Sophie passt super auf, dass ihre kleine Freundin nicht kraulen oder knappen kann.

Wachsen Fohlen nicht artgerecht auf, wird zwangsläufig der Mensch zum Ersatz für Sozialkontakte. Das Fohlen sieht ihn als Artgenossen, als Sozialpartner an und geht entsprechend mit ihm um: Spielaufforderungen, Ansteigen, Fellkraulen auf Gegenseitigkeit – was beim Fohlen noch niedlich ist, wird beim Jungpferd lästig und beim erwachsenen Pferd gefährlich – einfach ungezogen! Sie legen mit einer artgerechten Aufzucht also die beste Basis für das Benehmen Ihres Pferdes, ohne selbst Erziehungsarbeit leisten zu müssen. Ihr gut erzogenes Fohlen ist eigentlich nicht aktiv gut erzogen, sondern vor allem nicht (schon) verdorben, verzogen.

Sollte es erwünscht oder notwendig sein, bereits dem Fohlen bestimmte Verhaltensweisen anzutrainieren, darf dies nur zusätzlich und ergänzend zur »natürlichen« Erziehung durch seine Artgenossen geschehen, nie als Ersatz.

Erste Kontakte

Ein guter Zeitpunkt für erste, intensivere Kontakte ist das Absetzen. Im kleinen Verbund »verlassener« Fohlen gelingt es Ihnen am besten, aktiv den Kontakt zu suchen und Ihr gemeinsames Tun auf eine sichere Basis zu stellen. Große Gestüte mit artgerechten Aufzuchtbedingungen

Schicksalsgemeinschaft der Absetzer: Hier können sie erste Kontakte knüpfen.

holen ihre Fohlen zum Absetzen an den Hof und stallen sie kurzfristig in einem Offen- oder Laufstall auf. Sie werden geputzt, aufgehalftert, ein paar Mal angebunden, evtl. (Robustrassen) sogar geschoren. Sie erhalten ein wenig Kraftfutter, was die Annäherung erleichtert.

Scheuen Fohlen nähern Sie sich an, indem Sie sich klein machen, den Blick abwenden und sich am besten erst einmal mit einem weniger vorsichtigen Kumpel beschäftigen. Der scheue Kollege wird sich Ihnen mit großer Wahrscheinlichkeit von hinten nähern und untersuchen, ob von Ihnen Gefahr ausgeht. Ihr Mimöschen wird am Vorbild des robusteren Artgenossen bald sehen, dass keine Gefahr droht und

vorsichtig Kontakt aufnehmen. Dabei kommt es vor, dass Sie ganz zart gezwickt werden. Das ist die berühmte Ausnahme von der Regel: Es ist keine Aggression, sondern normales Erkundungsverhalten des jungen Pferdes und darf deshalb nicht bestraft werden! Halten Sie still, lassen Sie es schnuppern und eben auch zwicken, und übernehmen Sie dann die Initiative. Vorsichtigem Kraulen mit den Fingerspitzen kann kein Fohlen widerstehen. Verhindern Sie, dass Ihr Fohlen Sie – wie es in Pferdekreisen eigentlich zum guten Ton gehört – ebenfalls krault, indem Sie sich geschickt so aufstellen, dass es Sie mit dem Maul nicht erreicht. Arbeiten Sie sich gelassen und in geduckter Haltung über den Mähnenkamm zum Widerrist vor. Reden Sie mit dem

Während das furchtlose Fohlen die Massage genießt, nähert sich der scheue Kollege unauffällig von hinten.

Kleinen und übertragen Sie so ganz ohne Aufwand die Bedeutung des positiven Verstärkers »gekrault werden« auf Ihre Stimme! Hören Sie auf und wenden Sie sich ab, bevor es Ihrem Fohlen zu viel wird. Es lernt so nebenbei, dass Sie in dieser Beziehung die Führung haben. Bald können Sie Putzzeug benutzen und nach und nach mit den Händen den ganzen Körper des Fohlens erobern. Fahren Sie mit einer Hand die Beine entlang, während die andere Hand fleißig weiter krault. Umfassen Sie das Hüfchen von vorne und ziehen es vorsichtig nach hinten weg. Immer schön kraulen! Loben und absetzen, weiter kraulen. Reden! Das reicht fürs erste.

Im Kindergarten

Für alle darüber hinaus gehenden Lernziele ist es nötig oder zumindest vorteilhaft, wenn zwei erfahrene Pferdemenschen zusammen arbeiten. Manchmal ist es notwendig, ein Fohlen zu fixieren: Damit es gebrannt, entwurmt, im Ernstfall behandelt werden kann oder damit Sie ihm ein Halfter anziehen können. Sie fixieren Ihr Fohlen mit schnellem Griff, indem Sie einen Arm vorne von unten um den Hals legen und mit der freien Hand den Schweif ganz oben an der Wurzel erfassen. Soll Ihr Fohlen lernen, ein Halfter zu tragen, wählen Sie ein mehrfach (um das Genick und um die Nase) verstellbares, eng anliegendes Fohlenhalfter. Sie greifen das geöffnete Halfter mit der linken Hand am Genickstück und umfassen den Kopf des Fohlens mit dem rechten Arm von unten, sodass Ihre Hand auf seinem Nasenrücken liegt. Haben Sie Ihr Fohlen geschickt in einer Ecke oder an einer Wand aufgestellt, kann es sich nun nicht mehr loszappeln. Die linke Hand zieht gelassen das Halfter über und schließt es. Bitte sorgen Sie dafür, dass es eng anliegt, aber nicht kneift. Ein loses Halfter stellt ein erhebli-

Sollen Jungtiere auf Zuchtschauen vorgestellt werden, müssen sie gehalftert und angebunden werden können.

ches Sicherheitsrisiko dar, weil sich das Fohlen beim Scheuern in einem Ast oder Pfosten verhängen kann oder beim Kratzen am Ohr ein kleiner Huf hineingerät. Ein loses Halfter irritiert das Fohlen zudem bei jeder Bewegung. Ziehen Sie das Halfter wieder aus, wenn das Fohlen es akzeptiert hat und ignoriert.

Fohlen sollten lernen, kurzfristiges Anbinden und Führen zu dulden. Am einfachsten geht dies, wenn sie noch bei der Mutter laufen. Ein langer Führstrick am Fohlenhalfter erlaubt es der Führperson, das Fohlen hinter der von einer zweiten Person geführten Mutterstute herlaufen zu lassen und ihm so viel Spielraum zu gewähren, dass es beinahe unbemerkt angelernt wird. Eine weitere Möglichkeit ist das Anleinen des Fohlens an die Mutter, die dazu einen stabilen Gurt trägt. Soll das Fohlen angebunden werden ist darauf zu achten, dass die Anbindemöglichkeit etwa auf Maulhöhe angebracht ist und der Führstrick nicht so lang ist, dass sich das Fohlen darin verhängen kann. Er darf aber auch nicht so kurz sein, dass das Fohlen ohne Spielraum in unbequemer Haltung steht. Binden Sie, wenn möglich, ein ruhiges, erfahrenes Pferd, bei Saugfohlen unbedingt die Mutter, in unmittelbarer Nähe an. Eine Gummimatte als Bodenbelag bietet Schutz, falls das Fohlen zu Fall kommen sollte. Das erste Anbinden eines Fohlens kann kurzzeitig etwas

In der Aufzuchtherde – hier junge Isländerhengste – geht die Erziehung nach Pferdeart weiter.

chaotisch verlaufen und ist deshalb eine Lerneinheit, für die Erfahrung und Fingerspitzengefühl notwendig ist. Es ist normal, dass Fohlen dabei kurzzeitig zappeln, steigen oder springen; sie testen aus, ob sie nicht doch freikommen können. Schnell versteht das Fohlen, dass ihm keine Gefahr droht, es sich aber auch nicht befreien kann. Belohnen Sie es durch Fellkraulen oder indem Sie ihm Kraftfutter anbieten, sobald es auch nur ganz kurz still steht.

Ihre wichtigsten Verstärker in dieser Phase sind Fellkraulen und Kraftfutter, das Sie aus dem Eimer anbieten, nicht aus der Hand. Mit Kraftfutter können Sie scheue Fohlen anlocken, unruhige Fohlen beruhigen, bei beängstigenden Situationen für Ablenkung sorgen. Zudem lernt Ihr Fohlen, Sie als Person von Anfang an mit etwas Positivem zu verknüpfen, was es nicht kann, wenn Sie nur als Lehrer auftreten.

Als Jungpferd

Das Fohlen verbringt seine Zeit im Pferde-Kindergarten, Herde genannt. Mit etwa einem halben Jahr wird es abgesetzt und dann auf den meisten Gestüten in einer Herde gleichaltriger Geschlechtsgenossen gehalten. Später werden oft mehrere Jahrgänge zusammengeführt. Immer aber findet artgerechte Aufzucht im Herdenverbund statt und das bedeutet für Sie, dass die Erziehung nach Pferdeart weiterläuft und Sie entlastet.

Der eigentliche Ernst des Lebens beginnt für das junge Pferd nicht unbedingt mit der Ausbildung unter dem Sattel, sondern häufig mit der Vorbereitung für Körungen, Zuchtschauen oder den Verkauf als ungerittenes Jungpferd. Dazu werden die Youngster zumindest intensiver geputzt, geführt, häufig auch anlongiert und beschlagen.

Faktoren beim Jungpferd

Beim Jungpferd sind bestimmte Faktoren zu berücksichtigen, die beim älteren Pferd keine Rolle spielen oder nicht denselben Stellenwert haben.

■ *Ein junges Pferd hat nur eine kurze Aufmerksamkeitsspanne. Arbeiten Sie mit Ihrem Fohlen höchsten fünf bis zehn Minuten, mit dem ein- bis zweijährigen Jungpferd bis zu etwa 15 Minuten. Planen Sie Ihre Arbeitseinheiten so, dass das gesteckte Ziel erreicht werden kann. Sie wissen, dass Sie aufhören müssen, bevor Ihr Pferd seine Konzentration verliert, und Sie beenden jede Übungseinheit mit einer positiven Note.*

■ *Ein junges Pferd ist ein unbeschriebenes Blatt. Diese Tatsache nimmt Sie auf besondere Weise in die Verantwortung. Sorgen Sie dafür, dass die vielen »Ersten Male«, die es jetzt mit Ihnen erlebt, dem Pferd beibringen, dass die gemeinsame Arbeit Spaß macht.*

■ *Geist und Körper des jungen Pferdes sind größeren Belastungen noch nicht gewachsen. Insbesondere reif erscheinende, kooperative und gut entwickelte Jungpferde werden oft überfordert, was sich langfristig äußerst negativ auswirkt. Überforderung kann nicht nur zu Gesundheitsstörungen führen, sondern auch Laufwillen, Kooperationsbereitschaft und Energie nachhaltig negativ beeinflussen.*

Die Praxis, bei manchen Rassen oder Reitweisen unreife Pferde intensiv zu arbeiten, gibt solchen Bildern – eine alte, aber fitte Quarter-Horse-Stute – fast Seltenheitswert.

Jungpferde durchlaufen je nach Veranlagung oft eine mehr oder weniger ausgeprägte »Flegelzeit«, in der sie ihr Verhältnis zum Menschen neu definieren und dessen Überlegenheit häufig in Frage stellen. Pferde ohne ausreichende Sozialkontakte – insbesondere frühzeitig isolierte Junghengste – können spätestens jetzt ausgesprochen unangenehm werden. Sorgen Sie deshalb für eine artgerechte Aufzucht im Herdenverband und lassen Sie bei jedem Zusammensein mit Ihrem Youngster eine gewisse Strenge walten. Nach und nach wird Ihr junges Pferd weiteren Ausbildungsschritten und, parallel dazu, Erziehungslektionen unterzogen. Sie werden hier in loser Folge aufgeführt. Es versteht sich von selbst, dass alle Elemente ineinandergreifen und zwar isoliert betrachtet, aber nicht isoliert gelehrt und geübt werden können.

Jung und alt – gut erzogen

Von den eben erwähnten Besonderheiten einmal abgesehen spielt das Alter Ihres Pferdes bei vielen Erziehungsmaßnahmen oft nur eine Nebenrolle. Erziehung als Teilaspekt der Ausbildung läuft in der Regel parallel mit bestimmten Phasen des Trainings. Manchmal ist es allerdings notwendig, Erziehungsschritte nachzuholen oder zu vertiefen, Fehlentwicklungen zu korrigieren. Dann ist der einfachste Weg, sich zusammen mit seinem Pferd auf eine niedrigere Ausbildungsstufe zu begeben und von dort aus zu arbeiten. Holen Sie Ihr Pferd dort ab, wo es steht, und erwarten Sie nicht, dass es bestimmte Dinge kann, weil es das (Ihrer Meinung nach) schon längst können müsste.

Dies sind die wichtigsten, aber sicher nicht alle Elemente der Pferdeerziehung. Beachten Sie, dass die Ausbildung Ihres Pferdes parallel betrieben, hier aber nicht weiter behandelt wird.

Auf Distanz gehalten

Die Einhaltung eines respektvollen Abstands ist eine grundlegende Verhaltensweise des rangniedrigen gegenüber dem ranghöheren Herdenmitglied. Erlauben Sie Ihrem Pferd, diesen Abstand nach Belieben zu unterschreiten, verhalten Sie sich wie ein unterlegenes Herdenmitglied und werden von Ihrem Pferd folgerichtig auch so behandelt.

Rückt Ihnen ein Pferd aufdringlich auf die Pelle, wird es dies schrittweise tun und dabei seine Grenzen austesten und ganz unauffällig weiter stecken. Es wird etwa beim Longieren die gewünschte Zirkellinie verlassen und weiter innen laufen, beim Führen – insbesondere in Wendungen – keinen respektvollen Abstand einhalten, beim Stehen Schritt für Schritt näherrücken, sich mal eben nach dem Reiten beiläufig an Ihnen scheuern wollen.

Handeln Sie nach dem Motto »Wehret den Anfängen!«. Legen Sie um sich herum eine Zone fest (eine Armlänge etwa), die Ihr Pferd nicht bzw. nur auf Einladung zu unterschreiten hat, und halten Sie daran fest. Durchbricht Ihr Pferd diese Grenze – egal wann, egal wie – scheuchen Sie es nachdrücklich weg: Ein lautes Schnalzen oder Zischen, eine wedelnde Armbewegung, ein Aufstampfen, ein Wedeln mit der Gerte genügt. Gehen Sie dabei ein wenig auf das Pferd zu. Weicht es zurück, ist alles o.k.

Das heißt nun nicht, dass Sie und Ihr Pferd einander nicht nahe sein dürfen. Es bedeutet lediglich, dass Annäherungen und Berührungen grundsätzlich von Ihnen initiiert werden.

Sie können ein Signal einführen, das Ihr Pferd einlädt, näher zu kommen. Im Rahmen der

Wohl erzogene Pferde – hier ein Deckhengst inmitten seiner Herde – bringen den Menschen nicht durch Aufdringlichkeit in Gefahr.

Bodenarbeit etwa können Sie den Appell erarbeiten – eine Einladung hin zur Zirkelmitte – der als Teil einer Übung dient (etwa für einen Handwechsel), aber auch einfach genutzt werden kann, um das Pferd zu loben. Lassen Sie Ihr Pferd nach einer gelungenen Lektion durchparieren, locken Sie es mit gesenktem Blick, entspannter Haltung und evtl. ausgestreckter Hand sowie dem Stimmsignal »Komm!« zu sich und zupfen

Huch! Isländerhengst Hallastjarni ist der Ausbilderin versehentlich zu nahe gekommen.

Sie vorsichtig immer wieder am Führstrick, am Leitseil oder an der Longe. Jeder Schritt wird mit der Stimme positiv verstärkt, bis das Pferd bei Ihnen angelangt ist. Stirn streicheln, Widerrist kraulen, entspannen lassen! Es gibt allerdings Ausbilder, die den Appell in keiner Form einüben, da sie befürchten, dass das Pferd dann auch lernt, unaufgefordert die Zirkellinie zu verlassen. Unterbinden Sie entsprechende Ansätze bitte konsequent, insbesondere indem Sie Ihrem Pferd beibringen, nur auf ein Signal, eine deutliche Einladung hin zu kommen. Es soll parallel auch lernen, nach einer gelungenen Lektion durchzuparieren und beim Loben still auf der Zirkellinie zu stehen. So merkt es, dass es nur mit einem zusätzlichen Signal in die Mitte kommen darf.

Erlauben Sie Ihrem Pferd nicht, sich nach getaner Arbeit lustvoll an Ihnen zu scheuern. Sorgen Sie aber dafür, dass es Sattel und Trense schnell loswird. Schwammen Sie es ab oder geben Sie ihm Gelegenheit, sich zu wälzen.

Ein Pferd kann »gute« Gründe dafür haben, zu schnappen oder zu beißen, etwa, wenn es unter Sattelzwang leidet und Sie gerade herzhaft den Sattel angurten. Neckische Spiele Ihrerseits mit einem Leckerli »Kuckuck, da ist es, aber du kriegst es nicht!« sind geeignet, Aggressionen hervorzurufen. Geschnappt wird auch mal, wenn es beim Fellkraulen besonders schön ist und das Pferd »sich vergisst«. In diesen Fällen wäre eine – gar körperliche – Strafe unangemessen. Ist die Beißattacke allerdings eindeutig aggressiv, dürfen und sollten Sie einmal zurück »beißen«, und zwar mit den Fingern. Dazu gehört aber immer eindeutiges Imponiergehabe Ihrerseits, damit Ihr Pferd weiß, dass es Ihnen ernst ist. Nicht, dass es die Abfolge »ich zwicke Frauchen, Frauchen

oben: Mit dem Appell lernt Ihr Pferd, dass es auf ein Signal hin zu Ihnen kommen darf.
unten: Anfangs und unter erschwerten Bedingungen »zupfen« Sie Ihr Pferd an der Longe zu sich.

Das Ausweichen ist Bestandteil vieler Lektionen der Bodenarbeit.

zwickt zurück« als Aufforderung für ein kleines Kampfspielchen nach Pferdeart versteht ...

Ausweichen und Annähern

Diese Lektion im Pferde-Knigge ist eigentlich eine logische Weiterentwicklung des ersten Leitsatzes »Komm dem Menschen nicht zu nahe!«, der Blickwinkel ist ein wenig verändert: Mit dem Erziehungsziel »Ausweichen« legen wir gleichzeitig die Grundlage für wichtige Übungen der Bodenarbeit. So sind etwa Schenkelweichen oder Schulterherein an der Hand nur möglich, wenn das Pferd der Führperson weicht. Auch das Longieren oder die freie Arbeit im Longierzirkel im Sinne der einfachen Freiheitsdressur baut auf dem Ausweichen oder Vertreiben auf.

Im ersten Schritt wiesen Sie Ihr Pferd in die Schranken, wenn es unaufgefordert Ihre unsichtbare »Schutzzone« durchbrach. Jetzt agieren Sie, anstatt zu reagieren, indem Sie selbst auf das Pferd zugehen und es auffordern, Ihnen auszuweichen: Zur Seite, nach hinten, nach vorne oder indem es einfach stehen bleibt. Sie nutzen gewissermaßen die Tatsache, dass sich um Ihren Körper herum eine unsichtbare Schutzzone befindet als Mittel, Druck – im übertragenen Sinne – auszuüben. Von vorne kommend, wirkt Ihr Körper bremsend, von der Seite veranlassen Sie ein seitliches Ausweichen (etwa eine Vergrößerung des Zirkels) und von hinten wirken Sie treibend. Sie kennen das Prinzip aus der Bodenarbeit. Dabei nutzen Sie statt Ihres Körpers einen verlängerten Arm: Die Gerte, Handarbeitspeitsche oder Longierpeitsche. Vor den Kopf gehalten wirkt Ihr Teleskoparm bremsend, auf die Körpermitte zu seitwärts und auf Höhe der Kruppe vorwärts treibend.

Ausweichen soll Ihr Pferd zum einen, um Ihnen den Weg frei zu machen (etwa bei der Stallarbeit), zum anderen am Anbindeplatz. Gehen Sie energisch, aufgerichtet, mit hoher Körperspannung und auf direktem Weg auf Ihr Pferd zu. Machen Sie es auf sich aufmerksam (Geräusche produzieren, etwa Schnalzen, mit den Füßen schlurfen, schnalzen) und treten in Richtung auf

Am Anbindeplatz weicht das wohl erzogene Pferd auf ein Stimmsignal, anfangs unterstützt durch ein leichtes Pieksen.

seinen Rumpf oder die Kruppe auf es zu. Geben Sie viel Energie in Ihre Bewegungen, wird Ihr Pferd nun meist einen Schritt ausweichen. Tut es das nicht, geben Sie mit wedelnden Handbewegungen, raschelnder Jacke oder einem Aufstampfen den Impuls dazu.

Am Anbindeplatz reicht ein sanftes Pieksen mit dem Finger, um das höfliche Pferd dazu zu bringen, Ihnen Platz zu machen. Denken sie daran, auch dieses Signal mit dreierlei Stärken einzusetzen, falls es nicht klappt und verfallen sie nicht in die Unsitte, das Pferd mit Kraft vom Platz zu schieben, mit dem Besen zu bearbeiten oder mit einem lauten Klatschen auf die Kehrseite – zum

Austreten statt zum Ausweichen aufzufordern. Ein sanfter Pieks und »Geh herum!«, wenn dies nicht reicht, ein zweiter, festerer Pieks, »Geh herum!« und beim dritten Mal unterstreichen Sie Ihren Befehl (Pieks und Stimme) mit einer scheuchenden Handbewegung, einem Aufstampfen o.Ä. Jetzt muss es ausweichen! Vergessen Sie nicht, bei jeder notwendigen Wiederholung das ursprüngliche Signal zu geben (also nicht Pieks und »Geh herum« beim ersten Mal, beim zweiten Versuch dann Pieks und ein »Jetzt aber« und beim dritten Mal nur ein Aufstampfen). Insbesondere da Sie Ihr Pferd immer wieder in denselben Situationen zum Ausweichen auffordern wird es bald vorausschauend erkennen, was Sie

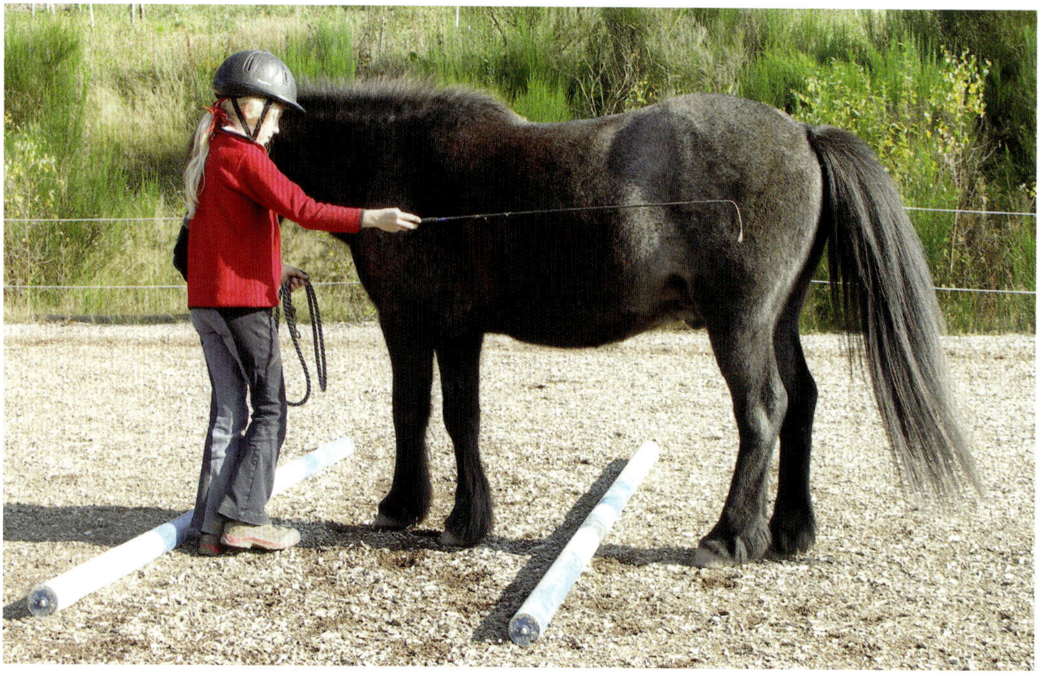

Mit gut weichenden Pferden können sich schon Kinder gefahrlos in Bodenarbeit üben.

möchten und unaufgefordert zur Seite treten ... wenn Sie sich seine Sensibilität erhalten haben und es Ihnen gerne zu Gefallen ist.

Es wäre allerdings kontraproduktiv Ihrem Pferd beizubringen, bei Ihrer Annäherung jedes Mal umgehend das Weite zu suchen – immerhin möchten Sie es ja auf der Weide noch einfangen können ... Wie nun erkennt Ihr Pferd, ob es dem sich ihm nähernder Menschen diesmal ausweichen soll oder nicht? Selbst ohne das bewusste Aussenden von Signalen (etwa ausgestreckte Hand, abgewendeter Blick und »Komm« für Stehen bzw. Kommen oder energischer Gang mit Zischlaut und Abwehrbewegung zum Treiben) wird es alleine an Ihrer Körperhaltung und -spannung merken, was es tun soll, sofern es gut auf Sie eingestellt und feinfühlig genug ist. Unterstützend wirkt ein Locklaut – ich pfeife etwa immer kurz – während der Annäherung. Schnell lernt Ihr Pferd: Pfeifen heißt, dass ich jetzt geholt werde, zum gemeinsamen Arbeiten, zum Futtern, um auf die Weide zu gehen.

Stillgestanden!

Eine ganz wichtige Lektion, die Ihr Pferd lernen muss, ist das Stillstehen. Auch hier lassen sich Ausbildung und Erziehung nicht trennscharf darstellen, was etwa bei der Lektion »Ganze Parade zum Halten« besonders deutlich wird.

Still stehen können muss das Pferd in zahlreichen Situationen, etwa beim Beschlagen, während Sie das Tor zur Koppel öffnen, beim Warten an viel

befahrenen Straßen, während der Siegerehrung, im Rahmen von Dressurprüfungen, beim Verschnallen des Hilfszügels für die Longenarbeit oder schlicht bei jedem Aufsitzen oder Absitzen. Ein zappelndes Pferd bringt sich selbst und Sie in Gefahr und treibt einen zur Weißglut.

Still zu stehen fällt Ihrem Pferd leicht, wenn

- es müde oder entspannt ist,
- sich in seiner gewohnten Umgebung befindet,
- das Wetter warm und windstill ist,
- andere Pferde in seiner Nähe sind,
- die Situation neutral ist, also nichts Interessantes (Weidegang) ansteht oder Angst erregendes passiert.

Schwerer wird es,

- wenn Ihr Pferd eigentlich Dampf ablassen will oder muss,
- in ungewohnter Umgebung voller Ablenkung,
- bei kühlem und windigem Wetter,
- ohne Artgenossen in unmittelbarer Nähe oder aber in Sicht- bzw. Hörweite eines befreundeten Kumpels,
- in ungewohnten oder Angst erregenden Situationen.

Gehört Ihr Pferd zu den chronischen Zappelphilippen, müssen Sie zunächst ausschließen, dass etwa Schmerzen, Unbehagen, zu hohe Kraftfutterrationen oder Ängste es unruhig machen. Häufige Ursachen für »unerzogenes« Gezappel sind auch unpassende Sättel, zu eng verschnallte Hilfszügel, grobe Zügelhilfen, unruhige Reiter oder Führpersonen, unsanft einsitzende Reiter oder schlechte Erfahrungen. »Still stehen bleiben« sollte für Ihr Pferd übrigens

während der Lernphase möglichst immer auch eine Komponente von »sich ausruhen dürfen« haben, das trägt wesentlich zum Gelingen bei.

Machen Sie es Ihrem Pferd leicht, beim *Aufsitzen* stehen zu bleiben, indem Sie eine Aufsitzhilfe benutzen. Die Aufsitzhilfe entlastet den Pferderücken und macht ihm das Stehen angenehmer, während Sie sich schnell und elastisch in den Sattel schwingen. Auch die richtige Technik hilft: Sie stehen parallel zum Pferd, Blick nach vorne.

Diesem Quarter-Horse-Hengst scheint das ruhige Stehen während der Siegerehrung nicht eben schwer zu fallen – gelernt ist gelernt.

den Bauch, haben es ständig im Blick, halten beide Zügel schon beim Aufsitzen korrekt und können rechtzeitig eingreifen. Die Zügel halten Sie nicht zu straff, sonst könnte Ihr Pferd rückwärts treten oder, wenn es sehr empfindlich ist, sogar steigen. Hat der rechte Zügel ein wenig mehr Spannung als der linke, wird sich Ihr antretendes Pferd höchstens auf Sie zu bewegen, was leicht zu kompensieren ist.

Ein während des Aufsitzens chronisch zappelndes Pferd korrigieren Sie, indem Sie es satteln und aufhalftern, aber angebunden lassen. Sitzen Sie korrekt auf. Nach dem Aufsitzen machen Sie es sich gemütlich und warten ab, bis Ihr Pferd zumindest einen kurzen Moment still steht. Loben und absitzen, erneut loben! Kurze Pause, aufsitzen und das Ganze wiederholen. Zappelt es herum, wird dies nicht beachtet, nicht bestraft. Steht es still, wird es doppelt belohnt: Durch Ihr Lob und Ihr Absitzen.

Üben Sie das ruhige *Stehen unter dem Sattel* in Zusammenhängen, in denen Ihr Pferd dies als Belohnung und Entlastung empfindet, etwa nach anstrengenden Lektionen. Parieren Sie es durch, sagen Sie »Steh!« oder »Ho!« mit ruhiger, tiefer Stimme und lassen Sie es an einem ruhigen, schattigen Platz stehen. Es darf am längeren Zügel Kopf und Hals bewegen, aber nicht vorwärts, rückwärts oder seitwärts treten. Sitzen Sie entspannt im Sattel und halten Sie am besten Ihr Pferd nicht im strengen Sinn an den Hilfen: Schenkel weg, Kreuz weg, Hände weg. So signalisieren Sie Ihrem Pferd unmissverständlich, dass zur Zeit nichts anliegt. Nervöse und temperamentvolle Gemüter entspannen Sie durch leichtes, eher beiläufiges Kraulen am Widerrist. Macht Ihr Pferd einen Schritt, korrigieren Sie es ohne

Eine Aufsitzhilfe erleichtert Ihrem Pferd das ruhige Stehen.

Ergreifen Sie beide Zügel, mit der linken Hand außerdem den Mähnenkamm oder ein dickes Büschel Mähne, mit der rechten den vorderen Rand des rechten Sattelblattes. Linken Fuß in den Steigbügel, kräftig abstoßen und das rechte Bein hoch über die Kruppe schwingen. Die Vorteile gegenüber der verbreiteten Methode: Sie pieksen Ihr Pferd nicht mit der linken Stiefelspitze in

oben: Mit der üblichen Technik haben Sie Ihr Pferd während des Aufsitzens weder im Blick noch im Griff.
unten: So geht es deutlich besser und sicherer.

Insbesondere in Wettkampfpausen kommen nur entspannt stehende Pferde zur Ruhe.

Aufheben (ein deutliches »Nein!« ist aber angebracht) und stellen es an seinen Platz zurück. »Steh!«. Bei zappelnden Pferden müssen Sie damit rechnen, anfangs mehr Zeit mit der Korrektur als mit ruhigem Stehen zu verbringen. Verlieren Sie nicht die Geduld, denn dies würde die Zappelei nur verstärken. Beenden Sie die Pause nicht, wenn Ihr Pferd gerade wieder einen unerlaubten Schritt getan hat, sondern in einem Moment der Ruhe.

Soll Ihr Pferd während des *Beschlagens* ruhig stehen, gehen Sie ähnlich vor. Vorübungen im Stillstehen an Halfter und Führstrick (»Steh!«, Führstrick lose, evtl. Kraulen, Korrektur bei unerlaubten Schritten, erst losgehen, wenn das Pferd ruhig stand) bringen dem Pferd die Grundlagen bei.
Ein wohl erzogenes Pferd gibt anstandslos seine Hufe und lässt sich ohne Gezappel oder gar Abwehr beschlagen. Hufpflege ist sehr wichtig, aus diesem Grund beginnen Sie möglichst früh damit, Ihr Pferd an das Aufheben der Hufe zu gewöhnen. Denken Sie daran, Ihrem Pferd das Aufhalten beim Auskratzen oder Beschlagen werden angenehm zu machen: Stützen Sie den Huf gut ab, halten Sie ihn unverkrampft, ziehen Sie das Bein weder zu hoch noch seitlich heraus. Bedenken Sie, dass Ihr junges Pferd sich anfangs schwer tun wird, in dieser ungewohnten Haltung über längere Zeit das Gleichgewicht zu halten. Unterbrechen Sie deshalb, bevor es müde wird, stellen Sie es so auf, dass es sich auf der gegenüberliegenden Seite vielleicht ein wenig abstützen oder einfach nur Sicherheit holen kann (feste Wand) und bringen Sie selbst nicht Ihr Pferd aus dem Gleichgewicht, indem Sie den Huf zu hoch nehmen. Tragen Sie Sicherheitsschuhe und Handschuhe! Ein Kaltbeschlag ist übrigens mit

Ziehen Sie den Huf weder zu hoch noch seitlich heraus und halten Sie ihn sicher, aber unverkrampft.

weniger Angst erregenden Reizen verbunden und hält ebenso gut wie ein Heißbeschlag, wenn der Hufschmied sein Handwerk versteht. Vielleicht eine Alternative für Ihr ängstliches Pferd? Beim Beschlag sorgen Sie für eine ruhige Arbeitsatmosphäre. Hängen Sie ungeduldigen Jungspunden oder Pferden, die schlechte Erfahrungen

So sieht Vertrauen, so sieht Harmonie, so sieht Zuneigung aus.

gemacht haben, einen Futtereimer mit Kraftfutter um. Beschlagen Sie in einer Sitzung nur die Hufe vorne, ein paar Tage später dann hinten. Sorgen Sie notfalls für eine kurze Pinkelpause. Es gibt kein Patentrezept, wie Sie Pferde dazu erziehen, ruhig stehen zu bleiben. Die wichtigste Voraussetzung ist es, eine Atmosphäre zu schaffen, in der das Pferd von sich aus zur Ruhe kommt. Dazu gehört auch, dass Sie selbst ruhig und entspannt sind.

Üben Sie zunächst die grundlegenden Lektionen Antreten und Anhalten, am besten auf einem sicher umzäunten Platz.

An der langen Leine

Im Rahmen der Halfterführigkeit muss Ihr Pferd lernen, sich Ihnen stets unaufgefordert in Tempo und Richtung anzupassen. Wie die Ausbildung zur Halfterführigkeit abläuft, lesen Sie in Büchern über Bodenarbeit, lernen Sie in entsprechenden Kursen und natürlich im Laufe der Erfahrungen, die Sie mit möglichst vielen, verschiedenen Pferden sammeln. Nachfolgend wollen wir deshalb nur auf den erzieherischen Aspekt der Ausbildung zur Halfterführigkeit eingehen.

Grundlage ist eine angeborene Verhaltensweise des Pferdes: Es folgt dem, es hält sich in der Nähe dessen auf, der ihm Schutz und Sicherheit bietet. Vertraut Ihr Pferd Ihnen, fühlt es sich bei Ihnen sicher, wird es Ihre Nähe suchen und sich freiwillig an Ihrer Seite halten. Fehlt dieses Vertrauen, werden alle Lektionen und Übungen nie den gewünschten Erfolg bringen.

Führen Sie Ihr junges oder nicht gut halterführiges Pferd immer mit Gerte und Handschuhen. Ihr Führstrick sollte lang und griffig sein. Machen Sie

Fortgeschrittene Paare verlassen sich immer weniger auf Hilfsmittel und immer mehr auf Kommunikation.

in sein Ende einen Knoten, dann rutscht er Ihnen nicht so leicht durch die Finger. Sie fassen den Führstrick korrekt, also so, dass sich keine Schlingen bilden. Bei heftigen Pferden kann ein Schnurhalfter verwendet werden, im Einzelfall auch eine Führkette. Weder am Schnurhalfter noch mit der Führkette darf Ihr Pferd angebunden werden! Haben Sie es mit einem ungestümen Jungspund zu tun, sollten Sie anfangs eine Longe statt des normalen Führstricks verwenden. So hat sich Ihr Schützling nicht ganz so schnell losgerissen ...

Üben Sie unter Anleitung oder den Anweisungen eines Lehrbuchs entsprechend zunächst die beiden grundlegenden Lektionen Antreten und Anhalten auf der linken Hand. Sitzen diese, geht es so weiter:

- Sie üben auf der rechten Hand,
- verlassen zeitweise die Bande und bewegen sich immer öfter im Bahninneren,
- üben Wendungen nach links und rechts,
- führen Ihr Pferd von rechts,
- nehmen die Gangart Trab hinzu und
- verlassen die schützende Bahn und wagen sich ins Freie.

Bei Mängeln in der Halfterführigkeit kann auch das erwachsene Pferd zurück in den Kindergarten geschickt werden.

Der nächste Schritt wird erst angegangen, wenn die vorherige Lektion sicher sitzt. Gibt es Probleme, gehen Sie einen Schritt zurück und üben noch einmal die Basis. Ein gut halfterführiges Pferd führen Sie, ohne es zu merken. Es wird sich stets ohne Korrektur an der gewünschten Position halten und nach Ihnen richten.

Während man hierzulande das Pferd etwa auf Höhe seiner Schulter führt, lässt man anderswo das Pferd einen guten Schritt hinter sich gehen. Dies wird damit begründet, dass der Mensch als Chef vorangeht und das Pferd auch beim Führen in der Position des rangniedrigen Herdenmitglieds verharrt. Es lässt sich feststellen, dass bei wirklich gefestigten Beziehungen fließend zwischen verschiedenen Positionen gewechselt werden kann, ohne dass dies negativen Einfluss auf die Rangüberlegenheit des Menschen hat. Der wirklich souveräne, sich seiner Dominanz sichere Mensch hat es nicht nötig, ständig auf seinen Privilegien herumzureiten; auch der vierbeinige Herdenchef geht nicht immer und überall an der Spitze der Herde.

Eines darf bei Führübungen nicht passieren: Ihr Pferd darf nicht die Erfahrung machen, dass es

Gut zu sehen, dass Mad Mexx Abstand hält und geradeaus in der richtigen Position geht – braves Pony!

sich Ihnen entziehen kann. Schafft es Ihr Pferd, sich einmal loszureißen, wird es für Sie schwerer. Gelingt ihm dies gleich mehrmals, haben Sie ein nicht zu unterschätzendes Problem. Ausbilder nehmen zu korrigierende Pferde oder unkooperative Jungpferde gerne für eine Lektion an den Longierpfosten. Dieser bringt dem Pferd bei, dass Ziehen und Zerren nichts bringt. Das Pferd wird an Halfter und Longe (Nie mit Gebiss oder Kappzaum! Nie ausgebunden!) auf einem Zirkel gearbeitet, in dessen Mittelpunkt ein Metallpfosten mit beweglicher Öse am oberen Ende fest verankert ist. Der Ausbilder hält eine Hand an der Longe, die aber entweder einmal um den Longierpfosten geschlungen oder fest in der Öse eingehakt wird. So »gewinnt« der Mensch ein etwaiges Tauziehen unter Garantie. Diese Methode ist sehr effektiv, aber nur bei korrekter Anwendung durch einen Profi vertretbar.

Korrigierende *Erziehungsmaßnahmen* bei einem an der Hand stürmenden, ziehenden, drängelnden oder zackelnden Pferd dienen in erster Linie seiner, in zweiter Ihrer Sicherheit. Üben Sie in einem kleinen, fest umzäunten Areal, erst später in der Halle, dann auf der Außenreitbahn und im Bereich der Anlage. Erst wenn alles klappt, wagen Sie sich ins Gelände. Wiederholen Sie die Grundlagen Antreten und Anhalten und legen Sie ein flottes Tempo vor, Sie können ein eilendes Pferd besser kontrollieren. Und es ist sinnvoll, wenn Sie und nicht Ihr Pferd die Initiative übernehmen. Statt sich also von einem stürmenden Pferd mitziehen zu lassen geben Sie von sich aus ein schnelles Tempo vor – ein wichtiger Unterschied! Der Führstrick hängt leicht durch und wird nur korrigierend kurz angenommen. Dazu zupfen Sie und lassen sofort wieder locker. Ihr Pferd kann nur am Führstrick ziehen, wenn Sie dagegenhal-

ten. Versucht es das, zupfen Sie energisch, stoppen es mit vorgehaltener Gerte und lassen es am besten sofort ein paar Schritte rückwärts treten. So unterstreichen Sie Ihren Rang und bekommen gleichzeitig den Zug vom Führstrick.

Achten Sie darauf, dass Ihr Pferd gerade geht, Ihnen also weder schräg vor Ihnen laufend den Weg abschneidet, noch nach der anderen Richtung drängelnd auf die Füße tritt. Beides kommt natürlich auch einem Unterlaufen Ihrer Rolle als Anführer gleich! Will das Pferd vor Sie drängen, halten Sie die Gerte mit dem Knauf auf Augenhöhe vor seinen Kopf (bei ganz hartnäckigen Dränglern darf der Knauf auch einmal (!) an die Nase klopfen, aber bitte nur vorsichtig, kann nämlich richtig weh tun!) und wenden es nach außen, nach rechts ab in eine Volte. Es soll merken: Will ich, dass es schneller geht, muss ich mich abwenden (meine Unterlegenheit bekunden) und es dauert noch länger, bis ich am Ziel bin! Pferde, die sich beim Stürmen eher von Ihnen weg orientieren, also nach rechts, werden mit zupfendem Führstrick beständig korrigiert. Ein Anlegen der Gerte an die Kruppe oder die Schenkellage hilft, dass sie ihren Körper eher links, also Ihnen zugewandt hohl machen; dann ist es kaum mehr möglich, gleichzeitig nach rechts zu drängen. Ihr Pferd lernt: Sobald ich mich abwende werde ich aufgefordert, mich wieder zu meinem Menschen hin zu orientieren. Man kann auch versuchen, sie bei jedem Drängen nach rechts in eine Linksvolte zu lenken. Diese soll eng angelegt sein und muss mit schnellem Tempo gegangen (also anstrengend gestaltet) werden. Sie drehen sich bitte wendig mit, damit Ihr Pferd Ihnen nicht auf die Füße tritt. Dies ist manchmal nur die zweitbeste Lösung, da Ihr Pferd dabei immer wieder vor Sie tritt und Ihnen den Weg

Mit der langen Gerte erreichen Sie faule Popos problemlos und können dort, wo der Motor sitzt, für mehr Gas sorgen.

abschneidet. Solange Sie es aber verstehen, es dabei unter Druck zu halten und klar zu machen, dass Sie es in diese Volte treiben (also die Initiative haben), wird Ihr Pferd dabei trotzdem nicht auf falsche Gedanken kommen.

Beide Male lassen Sie also Ihr Pferd genau das Gegenteil dessen tun, was es will: Es wird in die andere als in die von ihm bevorzugte Richtung gelenkt und das Erreichen des Ziels wird verzögert. Das ungeduldig drängende Pferd sollten Sie zudem mit ständig neuen Übungen in Atem halten: Handwechsel, Volten, Schlangenlinien, Rückwärtsrichten, was auch immer. Es darf nicht in das alte Muster des Tauziehens verfallen, darf sich nicht langweilen, muss sich auf seine Übung und vor allem auf Sie konzentrieren.

Trödelliesen machen Sie schlicht und ergreifend Feuer unterm Hintern. Versuchen Sie nicht, Ihr Pferd hinter sich herzuziehen, das klappt nicht und stumpft Ihr Pferd weiter ab. Nehmen Sie eine Führposition auf Höhe seiner Halsmitte bis etwa auf Schulterhöhe (eher nach hinten orientiert) ein und weichen Sie nicht davon ab. Ihr Pferd wird knackig zum Antreten aufgefordert und bei jedem Zögern oder Langsamwerden von hinten nach vorne getrieben. Dazu nutzen Sie Ihre genügend lange Gerte, die impulsartig tupfend die Kruppe berührt. Tritt das Pferd fleißig voran, stellen Sie jede Hilfengebung sofort ein und nehmen den Druck weg. Beginnt es zu trödeln, reagieren Sie sofort mit Stimmsignal und Gerte.

Heimwärts

Sie kennen das: An jeder Wegkreuzung zeigt Ihr Pferd Ihnen ganz deutlich, in welcher Richtung es nach Hause geht. Nur, falls Sie es vergessen haben sollten! Auch jedes Mal, wenn Sie am Eingang zur Halle oder Reitbahn vorbeikommen, stockt der Bewegungsfluss. Es wendet den Kopf und nimmt ihn hoch, wird schneller, zackelt, nimmt den korrigierenden Schenkel nicht an. Blitzschnell ist es eingebogen, weil Sie nicht aufgepasst haben. Aber auch wenn ihm die Abkürzung nicht gelingt, ist ein solches Verhalten echt nervig, entspanntes Reiten können Sie vergessen. Für dieses unangenehme, manchmal sogar gefährliche Verhalten gibt es mehrere mögliche Gründe. Die wichtigsten:
Ihr Pferd

- ■ ist faul und möchte die Übungseinheit möglichst abkürzen,
- ■ vertraut Ihnen nicht und sieht sich in Gefahr,
- ■ langweilt sich,
- ■ ist überfordert oder wurde in der Vergangenheit überfordert,

- ■ klebt an einem Stallgenossen oder am Stall, was wiederum ursächlich ebenfalls oft auf mangelndes Vertrauen in seinen menschlichen Chef und Beschützer zurückzuführen ist.

Sie müssen zunächst diese Gründe ausschließen oder abstellen, dann kann die eigentliche Erziehungsarbeit beginnen. Vorbeugend stellen Sie schon vor einer potentiell problematischen Stelle das Pferd unauffällig in die andere Richtung und setzen eine Übung an, die höchste Konzentration erfordert und gleichzeitig das Pferd gut an die Hilfen stellt, etwa ein Schulterherein. Zeigt das Pferd allererste Anzeichen wird es sofort, aber mit korrekter Hilfengebung und ohne Strafe, in eine höhere Gangart überführt oder muss eine anstrengende Lektion – aber nicht am Platz, also kein Rückwärtsrichten, Schaukel, Kurzkehrt und dergleichen – zeigen. Macht es das brav und liegt die Verlockung ein Stück weit hinter Ihnen, stellen Sie die Übung ein oder parieren durch, loben und gehen zur Tagesordnung über. Immer dann, wenn Ihr Pferd Ihnen also unaufgefordert den kürzesten Weg zurück zum Stall weisen möchte, wird es ganz schrecklich anstrengend. Ihr Pferd knüpft die Verbindung »Wenn ich heimwärts dränge, wird es total ätzend!« und wird sich bald überlegen, ob es nicht doch lieber brav sein soll. Darüber hinaus festigen Sie mit diesem konsequenten Durchgreifen natürlich Ihren Führungsanspruch und damit letztlich das in Sie gesetzte Vertrauen.

Weiter kann es helfen, immer wieder nicht den direkten Heimweg zu gehen, sondern einen Schlenker dranzuhängen. Oder es beim Abbiegen in Richtung Heimat noch einmal anstrengend werden zu lassen. Hilfreich ist es auch, nach dem Ausritt noch eine kurze Zeit auf dem Platz weiter

Erhöhen Sie Tempo oder Schwierigkeitsgrad, wenn Ihr Pferd heimwärts drängeln möchte.

zu trainieren. Ihr Pferd merkt bald, dass es nicht so doll ist, in Richtung Stall zu gehen. Das gelangweilte Pferd müssen Sie unterwegs beschäftigen, damit es nicht auf witzige Einfälle kommt, das überforderte darf nur seiner Veranlagung und Kondition entsprechend bewegt werden, damit es nicht erschöpft oder in Erwartung der Erschöpfung nach Hause drängt. Gewöhnen Sie es sich an, an neuralgischen Punkten im Gelände, unmittelbar vor dem Einbiegen auf den Hof oder dem Verlassen der offenen Reitbahn eine Volte

zu reiten. So lernt Ihr Pferd ebenfalls, nicht auf direktem Wege heimzugehen.

Wohl erzogen im Gelände

Im Gelände wohl erzogen agierende Pferde sind immer auch rittige Pferde und umgekehrt. Allerdings sind manche abgestumpften, aus Resignation und beständiger Überforderung ruhigen Pferde scheinbar ebenso brav, aber gute Reiter kennen den Unterschied. Da Rittigkeit nicht unser Thema ist hier nur einige allgemeine

Nur mit gut erzogenen Pferden machen Geländeritte wirklich Spaß.

Hinweise, was Sie beim Reiten im Gelände beachten sollten. Agieren Reiter und Pferd in Harmonie, sollten sinnvolle Lektionen auch im Gelände stressfrei zu absolvieren sein.

Reiten Sie im Gelände auch »auf einer Hand«, wie in der Bahn. Damit es leichter fällt, können Sie halbe-halbe machen. Auf dem Hinweg gehen Sie linke Hand, stellen Ihr Pferd also nach links, traben auf dem richtigen Fuß leicht, galoppieren links an, halten sich am rechten Wegrand. Heim-

wärts stellen Sie um und gehen rechte Hand.
Achten Sie auf Ihre Linienführung. Eiern Sie nicht auf dem Weg von rechts nach links und umgekehrt. Biegen Sie Ihr Pferd korrekt, wenn Sie einen neuen Weg einschlagen.
Kehren Sie im Gelände immer mal um und gehen ein Stück in die andere Richtung. Dies hält Ihr Pferd wach und an den Hilfen und verhindert, dass aus ihm ein Drängler wird.
Vermeiden Sie Gewohnheit. Fatal ist es insbesondere, wenn bestimmte Wege als Galoppstrecke

Keine Angst vor Wasser: Erziehung hat immer auch etwas mit Vertrauen zu tun.

definiert werden. Sollten die Möglichkeiten in Ihrem Umfeld begrenzt sein und deshalb nur wenige Wege für Galopp- oder Trabreprisen zur Verfügung stehen, achten Sie darauf, nicht schon beim Abbiegen die höhere Gangart einzuschlagen. Es wird immer korrekt auf Ihre Hilfen hin angetrabt und angaloppiert.

Integrieren Sie zwanglos Lektionen, die Ihr Pferd geschmeidig machen und an die Hilfen stellen. Empfehlenswert sind insbesondere Zickzack-Schenkelweichen von Wegrand zu Wegrand, Schulterherein, Kurzkehrt, Rückwärtsrichten und Schaukel. Lassen Sie sich von niemandem einreden, zu derlei seien nur Dressurpferde befähigt

und dies auch nur auf einer ordentlichen Reitbahn.
Reiten Sie Ihr Pferd in der Gruppe an jeder beliebigen Position. Vorne, in der Mitte, als Schlusslicht. *Reiten Sie in der Gruppe Übungen,* bei denen sich einzelne Pferde oder Teilgruppen trennen und Einzelübungen absolvieren.

Dieser Maßnahmenkatalog – Ihnen fällt bestimmt noch mehr ein – hilft Ihnen, Ihr Pferd auch oder vor allem im Gelände rittig zu machen und zu erhalten. Das rittige Pferd ist durchlässig, es steht an den Hilfen. Das an den Hilfen stehende Pferd wird sich wohl erzogen verhalten.

Gegenseitiges Vertrauen: Ohne Druck darf Teista der Gefahr ins Auge sehen.

Vertrauenssache

Sie werden sich zusammen mit Ihrem Pferd immer wieder in schwierigen und potentiellen Situationen wieder finden, werden gemeinsame Schrecksekunden durchleben: Ein Hund bellt, ein Fasan fliegt auf, eine Plastiktüte fliegt raschelnd über den Reitplatz, ein Traktor lärmt neben dem Feldweg, eine Tür fällt knallend zu. Jetzt zeigt sich, ob Ihr Pferd Ihnen wirklich vertraut und sich auf Sie verlässt! Nur wenige Pferde rasen beim ersten Anzeichen einer Gefahr gleich kopflos davon, dies tun sie vor allem

■ weil der Reiter sie unbewusst dazu auffordert, indem er angstvoll mit den Beinen klammert und damit eine vorwärts treibende Hilfe gibt,

■ weil der Reiter ihre Angstreaktion verstärkt, indem er von hinten Druck macht und sich vorne in die Zügel hängt, um einer Fluchtreaktion zuvorzukommen,

■ aufgrund der mit starken Zügelhilfen, dem Einsatz von Sporen oder der strafenden Gerte verbundenen Schmerzen oder

■ weil das Pferd aus früheren Erfahrungen gelernt hat, dass tatsächlich Gefahr droht, nämlich von seinem falsch oder überreagierenden Reiter.

Wie reagieren Sie richtig? Betrachten Sie die Situation aus der Sicht Ihres Pferdes: Sie sind der Chef, also ist es Ihre Pflicht, Ihr Pferd vor Gefahren zu bewahren. Sie signalisieren Ihrem Pferd: »Du, ich habe gemerkt, dass da etwas war (Sprich: Ja, es stimmt, im Nachbarort hat eine Maus gehustet), aber das ist nicht schlimm. Alles unter Kontrolle!«. Das bedeutet: Sie sehen in die Richtung, aus der die »Gefahr« droht, halten kurz inne, entspannen dann fühlbar und gehen zur Tagesordnung über. Sie erlauben Ihrem Pferd, sich ebenfalls zu orientieren, indem Sie ihm den Hals etwas frei geben. Bleiben Sie solange still stehen, bis Sie genau wissen, dass Ihr Pferd bereit ist, nun wieder eine vorwärts treibende Hilfe anzunehmen – und sei es nur für wenige Schritte. Das erfordert ein gutes Einfühlungsvermögen.

Suchen Sie nach Gelegenheiten, Ihr Pferd mit allen möglichen »Gefahren« vertraut zu machen, ohne es dabei jemals wirklich in Gefahr zu bringen. Zeigen Sie ihm das Lagerfeuer, führen Sie es zur Baustelle, wo gerade gebaggert wird, lassen Sie es an einer Plastikplane schnuppern und nehmen Sie absichtlich den Feldweg, neben dem gerade Heu gewendet wird. Alles ganz unaufgeregt und ohne dem weiter Beachtung zu schenken, mit der Einstellung: »Hey, da drüben wird es interessant, da müssen wir mal hin. Toll, oder?« Sie werden bald feststellen, dass sich Ihr Pferd eine gelassene Grundhaltung angewöhnt und immer mehr bereit ist, sich – an der Seite seines vertrauten Freundes – den vielen tatsächlichen und eingebildeten Gefahren der Welt tapfer zu stellen.

Scheuen

Im Zusammenhang mit dem Scheuen werden oft zwei Kardinalfehler gemacht: Der Reiter versucht mit ängstlich zitternder Stimme, sein Pferd zu beruhigen, klopft und tätschelt es. Damit signalisiert er zum einen, dass er auch – pardon – die Hosen voll hat, zum anderen, dass Scheuen prima ist. Warum sonst sollte er loben, also im Anschluss an das Scheuen einen positiven Verstärker einsetzen? Oder der Reiter setzt auf Druck, reitet sein Pferd energisch und unnachgiebig am Objekt der Angst vorbei. Das kann sinnvoll sein, wenn ein Pferd am Scheuen Spaß gefunden hat, etwa weil es darin bestärkt

wurde (s.o.). Ansonsten aber erzeugt der über Zügel und Schenkel vervielfachte Druck nur Stress und verhindert, dass sich das Pferd aktiv mit der Situation auseinandersetzt. Denn das kann es durchaus: Hat es gelernt, dass mit einer Schrecksekunde keine gefährlichen Folgen verbunden sind und fühlt es sich gut aufgehoben, wird es oft die Initiative übernehmen und sich nach sanfter Aufforderung dem Angst einflößenden Objekt annähern, um es zu untersuchen. Super! Und jetzt dürfen Sie loben, aber bitte ganz arg!

Bei richtiger Handhabe empfinden alle Pferde Putzen als angenehm und bleiben ruhig stehen.

Wer schön sein will, muss leiden?

Nicht nur die Hufpflege, sondern die gesamte Körperpflege verlangt dem Pferd etwas Mitarbeit und Geduld ab. Beim Putzen herumzappeln, das nervt und ist nicht ungefährlich, vor allem für die Zehen des Pflegers ... Eigentlich stehen Pferde von selbst still, während sie geputzt werden, da sie dies als angenehm und als Freundschaftsbeweis empfinden.

Probleme können auftauchen

- bei »Klebern«, die sich nur ungern von ihren Artgenossen trennen und deshalb am Anbindeplatz nervös reagieren,
- bei besonders sensiblen Pferden, die die Unruhe und Ungeduld des Pflegers spiegeln,
- bei der unsachgemäßen Nutzung des Putz-

zeugs, wenn etwa mit harten Striegeln der Kopf geputzt wird,
- in der Folge von Strafaktionen am Putzplatz oder im Zusammenhang mit dem Putzen,
- bei Bewegungsmangel oder hohem Leistungsdruck.

Zuckige, an die Menschenhand nicht gewöhnte Jungpferde oder Pferde, die aufgrund schlechter Erfahrungen erst einmal mit starker Abwehr reagieren, sind oft nicht ganz gefahrlos an Berührungen zu gewöhnen. Hilfe verspricht des Menschen zweitbester Freund, der Strohbesen. Ein Strohbesen als verlängerter Arm streicht über Körper (Kopf aussparen) und Beine und bleibt ruhig liegen, wenn das Pferd wegspringt, auskeilt oder steigt. Einfach liegen lassen und abwarten,

Wenn die Maulwinkel eingecremt werden sollen, ist Mad Mexx weniger begeistert.

Ihr Pferd merkt schnell, dass ihm keine Gefahr droht. Dann weiter streicheln, immer mit Ruhe, aber auch ohne großes Aufhebens zu machen. Das Pferd wird nicht gestraft, auch nicht mit Worten, wenn es aggressiv oder panisch reagiert. Ihre Aufgabe ist nur ihm beizubringen, dass die Berührung durch den Strohbesen ungefährlich ist. Ist dies gelungen, fassen Sie den Besen immer kürzer und fahren mit der einschläfernden, monotonen Streichelaktion fort, bis Sie selbst das Pferd berühren können. So schummeln Sie sich allmählich zum richtigen Putzen vor.

Will ein Pferd seine Hufe nicht geben oder nicht halten lassen, hat der Mensch schlechte Karten. Lassen sich »gute« Gründe für dieses Verhalten definitiv ausschließen (etwa Spat, was das Aufheben der Hinterbeine erschwert; Hufrehe, die aufgrund der Schmerzen Abwehr beim Aufheben verursacht; unsachgemäßes Vorgehen oder schlechte Erfahrungen), greift der Ausbilder gerne zu einem Trick. Der Ausbilder, wohlgemerkt. Eine Fußlonge wird um die Fessel gelegt und dann so um den Rumpf geführt, dass der Ausbilder das Ende in der Hand hält. Auf das

Jetzt ist Selbstbeherrschung gefragt – es geht durch maulhohes Gras.

Signal »Gib Huf!«, verbunden mit einem Antippen der Röhre, soll das Pferd den Huf anheben. Ein leichter Zug an der Fußlonge unterstützt es dabei. Problemlos kann der Ausbilder den Huf in der korrekten Höhe halten, ohne in Gefahr zu geraten. Das Pferd macht die Erfahrung, dass ihm nichts passiert, aber auch, dass es durch Gezappel und Abwehr nichts erreichen kann. Ein guter Ausbilder führt diese Maßnahme auf weichem Boden oder einer Gummimatte durch. Wenige Lektionen sollten ausreichen, um dem Pferd diese wichtige und alltägliche Übung beizubringen. Während des Hufbeschlags wird übrigens häufig eine Variante der Fußlonge eingesetzt, um das Aufhalten zu erleichtern.

Gibt das Pferd an der Fußlonge anstandslos Huf, übernimmt der Mensch den aufgehobenen Huf in der normalen Haltung und lässt ihn ab. Die Fußlonge wird entfernt, das Aufnehmen und Absetzen (ebenfalls immer mit einem Signal verbunden, damit das Pferd lernt, dass es erst nach der Erlaubnis absetzen darf) ohne Longe geübt. Als Nächstes wird der Huf ausgekratzt und schließlich wird damit begonnen, den Hufbeschlag nachzuahmen. Klopfen und kratzen Sie mit dem Hufkratzer auf dem Huf herum, halten Sie den Huf auch einmal länger und gehen sie nicht von Huf zu Huf, sondern nehmen Sie denselben Huf immer wieder auf. Gelingen diese Vorübungen problemlos und stressfrei, kann der erste Beschlagstermin vereinbart werden.

Picknickpausen

Kaum etwas nervt mehr als ein beständig nach jedem erreichbaren Blatt, jedem Grashalm gierendes Pferd. Das gut erzogene Pferd weiß: Zwischendurch gibt es nichts, bei der Arbeit, beim Zusammensein mit dem Menschen wird nicht gefressen.

Unerlaubtes Fressen

Pferde, die diese Grundregel nie gelernt haben, nerven nicht nur, sie bringen ihren Reiter und sich selbst in Gefahr:

■ *Immer auf der Suche nach dem nächsten Happen konzentrieren sie sich nicht auf ihre eigentliche Aufgabe,*

■ *reißen dem Reiter unvermittelt die Zügel, der Führperson den Führstrick aus der Hand, sie können dabei den Reiter sogar kopfüber aus dem Sattel katapultieren,*

■ *sie laufen Gefahr, in ihrer Gier auch Giftpflanzen aufzunehmen oder gar*

■ *sich zu verschlucken und in Atemnot zu geraten, weil unterwegs aufgenommenes Gras nicht gekaut und abgeschluckt werden kann (Gebiss oder höhere Gangart hinderlich).*

Wer reitet oder führt, sollte den ehernen Grundsatz »unterwegs gibt es nichts« unbedingt in jeder Situation beachten und durchsetzen. Unerwünschtes Geiern während der Arbeit gewöhnen Sie Ihrem Pferd am besten mit demselben Trick ab, mit dem Sie auch schon erfolgreich das Einschlagen von Abkürzungen verhindert haben: Sie machen es ihm einfach unangenehm! Schnappt es nach Blättern oder taucht es in Richtung Gras ab, sollten Sie, kommentarlos oder mit einem deutlichen »Nein!« verbunden, eine anstrengende Lektion einleiten: Antraben oder Angaloppieren, Schulterherein oder Schenkelweichen, Viereck verkleinern und vergrößern. Bitte nicht Rückwärtsrichten, denn damit verhar-

ren Sie am Ort der Begierde. Chronisch unbelehr-
bare (also Pferde, denen ihre Menschen über längere Zeit beigebracht haben, dass dieses
Verhalten in Ordnung ist ...) Gierschlunde sind oft
nur mühsam zu überzeugen und können insbesondere Kinder, die ihrem abrupten Abtauchen
nichts entgegenzusetzen haben, ernsthaft in
Gefahr bringen. Ihnen wird mit einem genau
bemessenen Aufsatzzügel der Erfolg verwehrt,
bis sie ihre alte, unerwünschte Angewohnheit
vergessen haben. Dazu wird ein Genickstück (von
einem Chambon oder Gogue) eingeschnallt. Ein
Y-förmiges Seilchen mit einem leichten Kara-
biner an jedem Ende wird so angebracht, dass die
beiden kurzen Enden durch die unterhalb der
Ohren am Genickstück angebrachten Ringe
geführt und in die Trensenringe verschnallt werden, das lange Ende wird dann in der Aufsitzhilfe
eingehakt. Plötzliches Abtauchen wird dann mit
einem unangenehmen Ruck im Maul beantwor-
tet, was zwar nicht optimal, aber angesichts der
erheblichen Gefahr, die von diesem Verhalten
ausgehen kann, zu verantworten ist. Vorbeugung
ist natürlich einfacher und schonender für das
Pferd ...

Es ist geschafft! Ist es geschafft? Nicht ganz,
denn wie Sie bereits wissen, ist Ausbildung, ist
Erziehung ein dynamischer Prozess. Sie haben
sich und Ihrem Pferd aber nun eine Grundlage
verschafft und können darauf aufbauen.
Sicher haben Sie beim Lesen das eine oder andere Mal stirnrunzelnd festgestellt: Dieser Aspekt
guter Erziehung bleibt unerwähnt, jene Lektion
dagegen halte ich für überflüssig und insgesamt
wurde längst nicht alles aufgeführt, was möglich
ist. Richtig! Kein kleines Basiswerk für den
Einsteiger reicht aus, sondern eine wahre Enzy-
klopädie wäre notwendig, die vielen Facetten

Gute Aussichten: Sie haben sich eine solide Grundlage erarbeitet und freuen sich über mehr Harmonie im Alltag.

guter Erziehung, die zahlreichen Varianten in
Technik und Methode aufzuführen. Abschlie-
ßend wünsche ich Ihnen gutes Gelingen bei der
Arbeit mit Ihrem Pferd – möge diese von gemein-
samer Freude, gegenseitigem Respekt und einer
belastbaren Harmonie beseelt sein!